애착육아

엄마의 사랑이면 충분하다

KB054121

애착육아

초판 1쇄 발행 ㅣ 2017년 10월 26일

지은이 ㅣ 이지영
펴낸이 ㅣ 공상숙
펴낸곳 ㅣ 마음세상

주 소 ㅣ 경기도 파주시 한빛로 70 507-204

신고번호 ㅣ 제406-2011-000024호
신고일자 ㅣ 2011년 3월 7일

ISBN ㅣ 979-11-5636-154-1 (03590)

원고 투고 ㅣ maumsesang@nate.com

ⓒ이지영, 2017

* 값 13,500원

* 마음세상은 삶의 감동을 이끌어내는 진솔한 책을 발간하고 있습니다. 참신한 원고와
번뜩이는 아이디어가 있으시다면 망설이지 마시고 연락주세요.

국립중앙도서관 출판예정도서목록(CIP)

애착육아 / 지은이: 이지영. – 파주 : 마음세상, 2017
 p. ; cm

표제관련정보: 대한민국 초보엄마들의 필독서
ISBN 979-11-5636-154-1 03590 : ₩13500

애착[愛着]
육아[育兒]

598.1-KDC6
649.1-DDC23   CIP2017024536

대한민국 초보엄마들의 필독서

애착육아

이지영 지음

마음세상

들어가는 글

나는 1살, 3살 두 딸을 둔 초보엄마다.

출산 전, 나는 사람들과 어울리기 좋아하는 외향적인 성격이었다. 퇴근 후 약속이 없는 날이 없을 정도로 사람을 만나기를 즐겼다. 그러던 내가 집에서 육아에만 몰두하다 보니 첫째를 낳고 산후우울증에 걸렸다. 아이가 잡아당겨서 늘어난 후줄근한 티셔츠, 제때 감지 못해서 떡진 머리, 밥도 제대로 못 챙겨 먹고 잠도 제대로 못 자서 피곤한 기색이 역력한 모습이 바로 나였다. 급기야 산후우울증으로 살이 쑥쑥 빠지더니 임신 전보다 4kg이나 적게 나가게 되었다.

나는 사람들과 어울리는 것을 좋아하는 스타일인데 어린아이와 단 둘이서 외출하기란 쉽지 않았다. 시댁과 친정도 부산이라 너무 멀어서 도움을 요청할 수도 없었고, 남편도 새벽에 출근해서 아이가 잠든 밤이 되어서야 퇴근했다. 하루 종일 옹알이하는 아기와 단 둘이 시간을 보내면서 이러다가 '한국말을 까먹겠다. 사람 목소리 좀 듣고 싶다.'는 생각이 들 정도로 갑갑했다.

그때부터 TV에 몰두하기 시작했다. TV만 켜면 낮이든 밤이든 사람 목소리를 들을 수 있으니까. 아이를 안고 수유를 하면서도 눈은 TV, 아기를 안고 달래면서도 눈은 TV, 보채는 아기를 아기 띠로 업고 밥을 먹으면서도 눈은 TV를 향해 있었다. 그렇게 원하는 사람의 목소리를 TV를 통해 들었지만 마음은 공허했다. 어느 날 아이도 나와 같이 멍한 눈으로 TV광고를 뚫어져라 보고 있었다. 그 모습을 보니 뭔가 잘못되고 있다는 것을 느꼈다.

아이의 멍한 모습을 보고 집에서 TV를 껐다. TV를 끄고 난 뒤 TV를 보던 틈새시간에 육아서를 잡기 시작했다. 아이를 재우거나, 아침에 아이보다 먼저 눈을 뜨면 TV를 켜는 대신 육아서를 읽었다.

대부분 육아서에서 아이와의 스킨십을 강조하고 있었다. 잠투정이 심한 아이라 매일 안아서 재워야 하고, 낮잠 자는 동안 늘 안고 있어야 했다. 기질적으로 예민한 아이라서 너무 힘들다고 불평불만만 쏟고 있었다. 내가 아기를 안고 다독이는 동안 아이는 엄마의 온기를 느끼며 엄마와의 애착을 쑥쑥 형성하고 있었던 것이다. 육아서를 읽으면서 더 많이 안아주고 틈틈이 마사지도 해줬다. TV에만 빠져있던 눈을 아이에게 시선을 돌리자 아이의 눈을 마주칠 수 있었다. 그 예쁜 눈을 보며 사랑한다는 이야기도 많이 해주었다.

기질적으로 예민하고 까다로운 내 딸이 요즘에는 주위 사람들에게서 "사랑많이 받고 자란 것 같다.", "아이가 밝고 행복해 보인다."라는 평가를 들을 정도로 밝고 건강하게 성장하고 있다. 엄마의 온기와 사랑을 듬뿍 느끼며 신뢰관계를 쌓는 '애착육아'가 그 이유라는 생각이 든다.

애착육아의 전제조건은 '엄마의 행복'이다. 엄마가 먼저 행복한 마음을 가져야만 아이에게 육아를 잘 할 수 있다. 그러기에 엄마들에게는 '나 자신 돌보기'가 중요한 이유이다. 나도 나 자신돌보기를 소홀히 하고 육아만 했을 때에는 아이에게 기본적인 의식주만 제공했다. 그럼에도 불구하고 육아가 너무 힘들었고, 불평 불만투성이였다.

TV를 끄고 생활하기가 6개월 정도 지나고 나서 나 자신 돌보기 시작했다. 엄마인 나의 행복을 위해 새벽이 일찍 일어나 씻고, 책도 읽고, 글도 쓰는 등 나 자신만을 위한 시간을 가지면서 긍정적인 에너지를 충전할 수 있게 되었다. 그 에너지로 아이를 한 번 더 안아주고, 눈 마주치며 함께 놀고, 사랑한다는 이야기도 많이 해 줄 수 있었다. 게다가 이러한 육아를 통해서 나에게 새로운 '꿈'까지 생기게 되었다.

기질적으로 예민하고 까다로운 첫째도 성장하고, 나도 엄마로서 성장하게 해준 것은 바로 애착육아라고 생각한다. 이 책을 만나는 엄마들이 나 자신 돌보기를 통해 행복한 엄마가 먼저 되었으면 좋겠다. 행복한 엄마의 긍정적인 기운을 아이들에게 애착육아를 통해 전달하였으면 좋겠다.

엄마가 짜증을 내고, 화를 내도 이내 달려와서 엄마 품에 안기는 것이 아이들이다. 아이들에게는 엄마 사랑이 전부이기 때문이다. 나 역시 엄마의 사랑이 전부인 우리 두 딸들에게 오늘도 사랑을 듬뿍 듬뿍 전하는 애착육아를 하고자 한다.

제1장
육아의 기본

생후 3년이 가장 중요하다

"자기야, 일어나봐. 이거 두 줄 맞지?"

주말이라서 늦잠을 자고 있는 남편을 급하게 흔들어 깨웠다. 나도 드디어 임신이 된 것이다. 결혼하고 나면 나는 바로 임신을 쉽게 할 수 있을 것이라 생각했다. 결혼 후 한 달, 두 달, 세 달, 네 달이 되어도 임신이 되지 않았다. 주위에서는 아직 결혼 한지 얼마 되지 않아서 괜찮다고 기다려 보라고 했지만 나는 초조해졌다. 주위에 비슷한 시기에 결혼한 친구들이 모두 하나, 둘 임신 소식을 전해 오는데 나는 번번이 임신에 실패해서 걱정이 쌓여 갔다. 산부인과에 찾아가서 정밀검사를 했더니 난임이라는 판정이 나왔다. 임신에 관여하는 여러 호르몬 중 하나의 수치가 폐경기 직전 여성의 수치만큼 뚝 떨어져 있다는 것이다. 너무 속상했고, 하늘이 무너지는 심정이었다. 쉽게 생각했던 임신이 이렇게 힘들 줄이야. 병원을 다니면서 다시 임신을 준비했다. 다행히 병원을 다닌 두 달 만에 우리 부부에게도 기다리던 아이가 찾아온 것이다. 그토록 기다리고 기다리던 아이였다. 그래서 '기다리던 아이는 너로다.'라는 의미를 담아서 태명을 '로다'로 정했다.

임신을 하고 난 뒤에도 5년차 사회복지사로 근무하던 나는 직장은 계속 다녔다. 나는 임신, 출산해도 당연히 직장은 계속 다닐 것이라고 자부해왔기에 당연한 일이었다. 그때에는 임신과 출산으로 직장을 그만두는 친구들이 도무지 이해가 되지 않았다. 그런데 몸이 몹시 힘들었다. 나는 후원 담당자였기에 후원품을 후원처에서 복지관으로 옮겨오는 일이 많았다. 후원품이 무거워서 임신초기 임산부인 내가 들고 나르기에 역부족이었다. 의류 후원품을 가져가라는 전화가 올 때 마다 후원처에 감사한 마음보다 저것을 어떻게 옮길지 걱정이 앞섰다. 게다가 임신초기라서 조금만 무리해도 배가 뭉쳐왔다. 다른 직원들도 본인의 업무로 눈, 코 뜰 새 없이 바쁜데 계속 도움을 구하는 것도 미안하게 느껴졌다. 혹시나 무리하다가 힘들게 얻은 소중한 내 아이를 잃을까봐 걱정이 되었다. 고민을 하다가 임신 4개월 만에 사표를 냈다. 인생 계획에서 전혀 없었던 전업주부의 삶에 들어서게 된 것이다.

갑자기 직장을 그만두고 나니 시간이 많아졌다. 집안일을 하고, 가벼운 운동을 하고, 낮잠을 자도 시간이 남았다. 시간이 많아지니 별의별 생각이 다 들었다. 퇴사 전 담당 과장님께서 "경력단절 되어서 나중에 다시 일하기 힘들어지면 어쩌려고 그래. 다시 한 번 더 생각해봐."라고 이야기 하시던 말이 머릿속에서 빙글빙글 돌았다. 내가 괜한 짓을 한 것은 아닌지 걱정과 후회도 밀려왔다. 그러나 이미 주사위는 던져진 뒤였다. 그때부터 무료함을 달래기 위해 육아서를 한 두 권씩 읽기 시작했다. 모든 육아서에서 공통으로 강조하는 말이 있었다. 출산 후 3년까지는 엄마가 아이를 키우는 것이 가장 좋다는 것. 퇴사에 대한 후회가 밀려올 때 마다 이런 글을 읽으며 위안을 삼았다.

지금 나는 여전히 전업맘으로 두 딸을 키우고 있다. 보물 같은 29개월, 5개월 두 딸과 거의 24시간은 함께 하고 있다. 아이를 키우면서 사표를 처음 냈을 때 했던 후회는 점점 사라지고 있다. 온전히 아이들이 크는 과정과 예쁜 모습을 내 눈으로 담을 수 있다는 것 자체만으로도 행복하다. 주위 분들이 첫째 딸은 사랑을 많이 받고 자란 것이 보인다는 이야기를 할 때마다 기뻤다.

사실 첫째 딸은 낯가림이 무척 심한 아이였다. 항상 언제 어디에서나 엄마만 찾는 엄마 껌딱지였다. 심지어 아빠에게까지 낯을 가릴 정도였다. 신랑이 퇴근해 와서 아이를 맡기고 샤워를 하러 들어가면, 3분도 안 되서 밖에서 딸아이의 대성통곡하는 울음소리가 들린다. 신랑은 아기가 자꾸 운다고 다급하게 노크를 했다. 신랑이 있는데도 불구하고 울고 있는 아기 때문에 욕실 문을 열어놓고 샤워를 해야만 했다. 신랑은 아이를 안고 욕실 앞에 서있고.. 심지어 샤워하는 중간 중간에 아이를 안아주기까지 해야 했다.

명절에 시댁과 친정에 가면 어른들은 첫 손주인 아이가 예뻐 서로 안아보고 싶어 하셨다. 다른 사람이 안는 시늉만 해도 서럽게 운다. 환경이 바뀌어서 더 심하게 나한테만 안겨 있으려고 했다. 딱 안겨서 밥도 못 먹게 했다. 하는 수 없이 나는 아기를 안고 신랑이 밥을 떠 먹여주거나 아기띠로 안거나 업고 밥을 먹어야 했다. 아기띠를 하고 밥을 먹으면 소화도 잘 안 된다. 너무 힘이 들어서 살이 쭉쭉 빠지기 시작했다. 심지어 임신 전보다 4kg이나 몸무게가 적게 나갈 정도였다.

육아서에서 읽었던 '3년'만 생각하면서 울면 안아주고, 또 안아주었다. '사랑해'라는 말은 입에 달고 살았다. 아이가 깨어 있는 시간에는 집안일을 잠시 미루고 최대한 같이 놀아주려고 했다. 딸이 변하는 모습이 점점 보이기 시작했다. 돌이 지나고 난 뒤 내가 없어도 아빠와 단 둘이 놀러가기 시작했고, 18개월

쯤에는 양가 할아버지, 할머니에게 안기기 시작했다. 낯선 사람이 예쁘다고 아는 척만 해도 서럽게 울어서 상대방을 당황시키던 아이가 최근에는 인사성이 밝은 아이로 변해갔다. 요즘에는 엘리베이터에서 낯선 사람을 만나도 "안냐쎄요."하고 허리를 꾸벅이며 인사를 잘해서 다들 아이를 예쁘고 귀엽게 봐주신다. 아이의 변해가는 모습을 보고 신랑과 주위 어른들이 엄마가 사랑을 많이 준 것이 티가 난다고 이야기 해주셨다. 아이가 밝은 것이 엄마의 사랑 때문이라는 이야기를 들을 때마다 짜릿해진다. 그때 모든 육아서에서 왜 3년을 강조하는지 알게 되었다.

태어난 후 3년은 아이가 급속도로 성장하는 시기다. 신체적인 것뿐만 아니라 정서적 안정, 인성, 그리고 사고발달도 이 시기에 급속도로 발전한다. 특히 아이의 마음성장에 큰 영향을 미치는 것이 바로 엄마라는 존재다. 특히 아이가 어릴 때에는 엄마가 생존에 영향을 미치기 때문에 아이에게는 엄마가 전부이다. 신생아들에게 엄마 젖을 묻힌 천조각과 타인의 젖을 묻힌 천 조각을 코에 가져다 대면 엄마 젖 냄새를 100% 구분한다는 연구 결과가 있다. 태어 난지 얼마 되지 않은 신생아 역시 정확하게 엄마의 냄새를 인지하고 있다는 것이다. 이러한 엄마의 냄새와 따뜻한 온기가 아이의 마음성장에 일등 공신인 것이다.

성인이 되고 난 뒤에도 힘들고 스트레스 받는 일이 생기면 엄마가 그립고, 엄마가 해주시는 음식 냄새가 그립곤 한다. 나 역시 자취생활로 힘들고 지칠 때 부산에 내려가서 엄마가 해주시는 음식을 먹고 나면 스트레스가 풀리는 경험도 자주 했다. 그만큼 엄마란 자녀에게 중요한 존재인 것이다. 성인이 된 지금도 엄마란 존재가 중요한데, 어린 자녀에게는 더더욱 엄마란 중요한 존재가 아닐까?

특히 생후 3년까지는 더 자주 안아주고, 사랑한다고 이야기 해주어야 한다.

이 시기에 엄마의 사랑을 기반으로 한 애착관계 형성이 건강한 내면을 가진 아이로 성장하게 하는 초석이다. 애착의 씨앗을 마구 마구 뿌려주어야 우리 아이가 쑥쑥 자란다.

나는 어렸을 때 장녀였고, 친가에서는 첫 친손주, 외가에서는 첫 번째 손주였다. 그래서 어른들에게 넘치는 사랑을 듬뿍 받고 자랐다. 그중 엄마는 헌신적이고 절대적인 사랑을 듬뿍듬뿍 주셨다. 학창 시절에 친구들이 나에게 느끼는 첫 인상은 '인상이 좋아 보인다' 였다. 학교 가정통신문에는 밝고 긍정적이고 대인관계가 좋다는 평가도 항상 적혀 있었다. 이러한 주위의 평가가 엄마의 사랑과 건강한 애착관계의 형성이 밑바탕에 있는 것이 아닐까?

엄마 껌딱지라 한시도 엄마와 떨어져 있지 못하던 첫째 딸, 낯가림이 심했던 딸이라서 둘째 출산을 하러 병원에 입원해서 장기간 떨어지면 괜찮을지 걱정이 많았다. 출산 일주일 전에 태동이 없어서 출산하기 일주일 전부터 입원을 해서 3주 동안 떨어져서 지냈다. 처음으로 아이와 3주라는 긴 시간 동안 떨어져 지낸 것이다. 아이가 너무 걱정이 되어 입원 첫째 날에는 밤에 잠도 못자다. 그 다음날 아침에는 아이가 걱정이 되서 펑펑 울었다. 그런데 내 걱정과 달리 외할머니 집에서 밝게 잘 지내는 모습을 보여주었다. 외할머니와 매일 병원에 왔는데 병원에 와서도 밝은 모습을 보여줘서 내 걱정도 사라졌다. 이것 역시 그 동안 나와 딸이 쌓아올린 애착이 있었기에 딸이 3주 동안 떨어져 있어도 불안해하지 않고 잘 지내지 않았을까?

이러한 경험을 바탕으로 나 역시 생후 3년까지는 양육의 초점을 '애착'에 맞추어 키우고 있고 계속 그렇게 키울 것이다. 가끔은 아이들을 놔두고 혼자 훌쩍 해외여행을 가서 혼자만의 시간을 가지고 싶다. 나는 서울에 사는데 시댁과 친정은 모두 부산이라서 아이를 맡길 수 없고, 새벽에 출근해서 밤늦게 오는 바쁜 신랑이라서 육아는 오롯이 나의 몫이다. 끝이 보이지 않는 독박육아에 지치고 힘들어 답답할 때도 많다.

하지만 첫째 딸이 변화하는 과정을 두 눈으로 지켜보면서 엄마와의 애착이 얼마나 아이에게 중요한 것인지 나는 알게 되었다. 아이에게 진정으로 필요한 것은 엄마라는 것. 아이가 원하는 것은 엄마의 사랑이라는 것.

자아가 형성되는 중요한 시기에, 아이의 마음 근육이 형성되는 중요한 시기에 애착을 선물로 주자. 내 아이에게 집중하고, 더 많이 안아주고, 사랑한다고 눈을 보며 이야기 해주자. 이러한 애착의 씨앗이 무럭무럭 자라서 우리 아이가 행복하고 내면이 건강한 성인으로 성장할 것이라는 것을 믿는다.

오늘도 나는 사랑하는 내 두 딸들에게 애착을 선물하고자 한다.

엄마와의 애착형성

아이가 돌이 지날 무렵 이유 없이 40분에서 한 시간정도씩 넘어갈 듯 울 때가 있었다. 그냥 우는 것이 아니라 바닥에 드러누워서 자기 머리카락을 쥐어뜯고 발버둥을 치면서 악을 쓰면서 울었다. 아이는 밥도 배불리 먹었고, 기저귀도 뽀송뽀송하고, 열도 없었고, 낮잠도 충분히 잤었다. 울 이유가 전혀 없는데 갑자기 낮잠을 자고 일어나서 이유 없이 계속 울었다. 답답했다. 겨우 돌이 지날 무렵이었기에 말도 통하지 않았다. 안아도 넘어가면서 울어서 팔목이 나갈 지경이었다. 먹을 것을 좋아하는 딸이라서 좋아하는 간식을 줘도 내동댕이치며 운다.

아무래도 달래지지 않으니 점점 화가 났다. 차가운 표정으로 핸드폰을 집어들었다. 아이는 울고 있는데 그것을 동영상으로 촬영하고 있었다. '증거로 남겨놨다가 나중에 크면 이렇게 엄마를 힘들게 했다는 것을 보여줘야지.'라는 생각으로.

아이와의 애착형성을 위해서는 아이의 욕구에 민감하게 반응을 해줘야 한다. 아이는 말을 못해서 우는 것으로 자기 욕구를 표현하고 있는데 조금 달래보다가 지쳐서 포기했다. 그리고 우는 모습을 동영상으로 촬영하고 있는 모자란 엄마였다. 아이가 왜 울고 있는지 찾고 해결해주는 것은 뒷전이었다. 내가 이렇게 힘들게 육아하고 있다는 것을 보여주기 위한 것이 먼저였다.

친정과 시댁은 모두 멀리 있고, 남편은 새벽 6시 반에 출근해서 보통 밤 8시~12시가 되어야 집에 온다. 게다가 토요일에는 격주로 근무를 한다. 나는 그야말로 완벽한 독박육아인 것이다. 아파도 아이를 맡길 데가 없어서 아기띠로 아기를 안고 진료를 본다. 심하게 아픈 것이 아니면 약국에서 약을 사서 먹고 나을 때까지 그냥 버틴다. 그런데 시댁은 내가 고생하는 것은 대수롭지 않게 여기셨다. 엄마이기 때문에 당연한 것으로 생각하셨다. 아들이 밤늦도록 처자식 부양하느라 고생하는 것만 안쓰러워하신다. 시댁에 나도 이렇게 힘들게 육아하고 있다는 것을 보여주고 싶었다.

그리고 아이가 크면 엄마가 직업과 커리어 모든 것을 다 포기하며 이렇게 울고 땡깡 부리는 너를 키우느라 고생했다는 것을 보여주고 싶었다. 나의 내면에는 아이가 크고 나면 아이에게 감사라는 보상을 받고 싶었던 것이다. 그때, 그때 아이의 성장을 기뻐할 수만 있다면 그것만으로도 보상은 충분한데.. 지금 생각해 보면 너무나 부끄럽다.

내 아이는 왜 그렇게 울었을까? 아이는 엄마와의 애착이 필요했던 것이다. 그때쯤 독박육아로 지쳐 있던 내가 동네 언니들과 친해져서 거의 매일 어울렸다. 아이들 개월 수도 비슷하고 마음도 잘 맞았다. 언니들과 만남은 지쳐 있던 나에게 활기를 불어넣어주었다. 그런데 그때 내 태도에 문제가 있었다. 집에서 하루 종일 독박육아를 하다가 언니들을 만나니 즐겁고 시간도 잘 지나갔다. 게다가 아이들끼리 잘 노니 몸까지 편했다. 언니들의 아이들은 함께 잘 노는 것 같은데 내 딸은 노는 것 같다가도 한 번씩 자꾸 언니들과 이야기하고 있는 테

이불로 기어서 왔다. 와서 칭얼거리기도 했다. 한창 재미있게 이야기하고 있는데 아이가 자꾸 칭얼대니 귀찮았다. 아이가 좋아하는 과자를 손에 쥐여주거나 TV를 틀어주었다. 엄마는 스트레스도 해소되고 즐거웠던 시간이었지만 아이는 엄마의 애정을 갈구하고 있던 시간이었다. 그 당시에는 아이가 사랑을 갈구하고 있었다는 신호를 알아차리지 못했다.

그러다 아이들이 돌아가면서 아프고, 장마 기간이라 비도 자주 와서 언니들을 일주일에 두세 번 밖에 만날 수가 없었다. 그렇다보니 자연히 아이와 단 둘이 보내는 시간이 길어졌다. 그냥 집에만 있으면 무료하고 시간이 정말 더디게 간다. 그 시간을 보내기 위해 무릎에 앉혀놓고 책을 읽어주기도 하고, 배를 간질거리며 스킨십하면서 장난도 쳐주었다. 눈을 마주치면서 같이 놀아주기도 했다. 매일 하던 목욕도 그냥 의무적으로 하는 것이 아니라, 로션을 발라줄 때에 마사지도 해주었다. 언니들을 만나서 놀다가도 아이가 칭얼대면서 기어오면 잠시 대화를 멈추었다. 아이의 욕구가 무엇인지 파악하고 해결해준 뒤 다시 대화에 참여했다.

그러자 아무 이유 없이 한 시간씩 울던 모습은 사라지고, 예쁜 웃음을 많이 보여주었다. 물론 아직까지 자주 울고 짜증을 내면서 칭얼대기도 한다. 하지만 나도 한 뼘 정도 성장했다. 아이가 무엇을 원하는지 반응하려고 노력하다 보니 아이도 달라졌다. 아이가 이유 없이 울던 모습만 사라진 것이 아니다. 애착이 쌓이고 쌓여 나와의 관계도 더욱 좋아졌다. 시어머니는 딸과 내가 친구 같고, 서로 너무 좋아하는 모습이 보인다고 하셨다. 아이의 욕구에 민감하게 반응하고 다양한 애정표현을 함으로써 쌓여진 애착이 우리 모녀 관계를 좀 더 단단히 만드는데 도움을 준 것이다.

아이와 엄마의 애착은 이렇게 중요하다. 특히 영아기의 애착은 대인관계의 기본 틀이다. 영아기에 엄마와의 애착이 견고해져야 신뢰감이 형성되고 불안이 사라져 긍정적인 대인관계를 맺을 수 있는 것이다. 아이의 상태에 즉각적으로 민감하게 반응을 해주어야 엄마와 아이 사이의 신뢰감이 싹을 틔울 수 있다. 이 싹이 애착의 첫 단추이다.

우리 딸은 엄마가 깨어 있을 때 뿐만 아니라 잠잘 때에도 떨어지지 않으려고 했다. 잘 때 잠깐 화장실을 가려고 일어나기만 해도 귀신같이 알아채고 서럽게 울었다. 아이의 상태에 민감하게 반응하고자 노력해서 나와 아이의 사이에 신뢰감이 싹트고 정서적인 유대감이 탄탄해졌다. 볼 일이 있어서 외출할 때에 이야기를 해주고 나가면 아이가 내가 돌아올 때까지 밝은 모습으로 기다려주었다.

단, 아이가 분리불안이 심하다고 다른 것에 집중하고 있을 때에 몰래 사라지는 행동은 하지 말아야 한다. 아이에게 불안감을 가중시키고 신뢰감이 무너져 내릴 수 있다. 나도 아이와 남편과 차를 타고 가다가 편의점에 살 것이 있어서 잠깐 내릴 때가 있었다. 잠깐 갔다 오고 아빠도 있으니 괜찮다는 생각으로 아이에게 아무 말도 없이 차에서 내렸다. 잘 기다려줄 것으로 생각했는데 내가 다시 차에 탈 때까지 엉엉 울었다. 엄마가 오지 않을 수도 있다는 불안감 때문이다. 아이에게 이야기를 해주어야 아이가 불안해 하지 않는다.

또 다른 애착형성에 도움이 되는 것은 다양한 애정표현을 해주어야 한다. 눈을 맞추고 함께 대화하는 것은 아이들의 언어발달에 큰 도움이 된다. 게다가 인지적, 사회적 능력 향상에도 도움이 된다.

아이의 이유 없는 울음 사건 이후 내가 가장 많이 했던 것이 아이와 눈 맞추고 대화를 하는 것이었다. 동화책에 그림을 같이 보면서 이야기했다. 자기 전에는 침대에 같이 누워서 오늘 있었던 일을 아이에게 이야기하고, 내일은 무엇을 하며 재미있게 놀지 이야기해줬다. 낮에는 산책을 나가서 나무, 새, 강아지를 보면서 이런저런 이야기를 쏟아냈다. 그래서인지 아이는 또래보다 언어발달이 제법 빠른 편이다.

아이가 기질적으로 예민해서 낯가림도 심하고 분리불안도 심할 수 있다. 내 딸이 바로 그런 케이스이다. 엘리베이터에서 낯선 사람을 보면 두려워하고 내 뒤에 숨었다. 혹시나 "아기야, 안녕?"이라고 아는 척이라도 하면 세상 떠나가라 크게 울어서 민망해지기도 했다. 예민하던 아이가 낯선 사람에게도 인사를 잘하는 아이로 변하고 있다. 아이의 기질적인 특성은 타고나는 것이라 완전히 바꿀 수는 없다. 하지만 이 특성은 부모와의 상호작용, 특히 엄마와의 상호작용에 따라 변화할 수 있는 것이다.

엄마와의 애착은 아이에게 필수적이다. 특히 36개월까지는 엄마와의 정서적 교감은 더할 나위 없이 중요하다. 둘째를 임신하고 주위에서 모두들 둘을 어떻게 키우려고 그러냐며 첫째를 어린이집에 보낼 것을 권했다. 나도 임신 후 체력이 많이 떨어져서 어린이집에 보내야 하나 고민했다. 하지만 나는 당장 출근을 해야 하는 워킹맘이 아니라서 보내지 않았다. 36개월까지는 엄마와의 정서적 교감이 중요하다는 것을 알기에 더욱 보낼 수가 없었다. 힘들고 지치더라도 36개월까지는 함께 24시간을 보내면서 애착을 더욱더 견고하게 쌓아나가겠다고 마음을 다잡았다.

요즘에는 동생은 침대에 눕히고 자기를 안아달라고 하고, 모유수유를 할 때에는 동생이 엄마를 깨무는지 알고 때리려고 하기도 한다. 아기처럼 안고 목욕시켜달라고 하기도 해서 나를 당황시키기도 한다. 이럴 때에는 아이에게 좀 더 스킨십을 해주면서 애착을 단단히 굳혀나가야 할 때이다. 그렇기에 오늘도 두 딸과 애착을 쌓아 올려가면서 독박육아를 즐겁게 해나가고자 한다.

아이에게 전부는 엄마다

우리 아이가 다쳐서 아프거나 혼나서 울 때 특효약은 내가 안아주는 것이다. 아이들은 걷거나 뛰다가 넘어지기도 하고 여기저기 부딪혀서 울 때가 많다. 그럴 때에는 아빠가 안아준다고 해도 거부하고 무조건 엄마에게 달려온다. 안고 토닥토닥 해주면 금방 울음을 멈추고 한참을 그렇게 안겨 있다. 마치 내 품 속에서 치유를 받고 있는 듯한 느낌이 든다. 나도 서울에서 혼자 자취생활을 할 때 아프면 제일 먼저 생각나는 사람이 엄마였다. 아플 때에는 엄마가 보고 싶고, 엄마가 해준 따뜻한 음식이 그리웠다. 성인이 되어서도 아플 때 가장 먼저 생각나는 사람이 엄마인데 어린 아이에게는 오죽할까?

혼나서 서러울 때에도 나에게 달려온다. 심지어 내가 혼을 낸 상황이라도 아빠나 다른 어른들이 아닌 나에게로 달려온다. 달려와서 두 팔을 벌리며 안아달라고 한다. 본능적으로 따뜻한 엄마 품에서 엄마 냄새를 맡는 것이 아이의 심신을 안정시키는 효과가 있는 것 같다. 화를 내면서 혼을 냈는데 아이가 두 팔 벌리고 안아달라고 하며 품안에 쏙 안길 때에는 나 자신의 심신도 안정이 된다. 아이를 안고 있으면 아이에게 화를 내서 미안한 마음과 죄책감과 함께 화가 사그라드는 것이다. 이렇게 엄마와 아이의 애착은 서로에게 쌍방향으로 긍정적인 효과를 가져다준다.

첫째 아이에게 9개월 동안 유축으로 하던 모유수유를 끝내고 단유를 할 때였다. 모유수유 기간 내내 워낙 젖몸살이 심했던 케이스라 단유마사지와 함께 단유를 시작하기로 했다. 혼자서 독박육아를 하는 상황에서 단유 마사지를 받으러 갈 상황이 되지 않았다. 마침 볼 일이 있어서 친정에 내려올 일이 있었다. 친정에 와있을 때 친정엄마의 도움을 구하기로 했다. 단유마사지를 받는 동안 엄마가 아이를 봐주시기로 하고 함께 갔다. 잠깐 아이는 할머니랑 잘 노는 듯했다. 그런데 10분도 안 되어 폭풍오열하기 시작했다. 노리개 젖꼭지를 줘도 도리질 치면서 거부하고, 평소에 좋아하던 과자를 줘도 소리 지르며 울기만 할 뿐 먹지를 않았다. 아기가 넘어갈 듯이 울어서 마사지하던 내가 잠깐 일어나서 아이를 받아 안았다. 그랬더니 아이의 울음소리가 잠잠해졌다. 울음소리가 잠잠해져서 다시 외할머니가 안으니 다시 폭풍눈물을 흘렸다. 하지만 나는 마사지를 받을 수 밖에 없는 상황이었다.

하는 수 없이 친정엄마는 우는 아이를 아기띠로 앉고 바람을 쐬어준다고 밖에 데리고 나가셨다. 마사지를 받는 내내 아이 생각에 마음이 불편했다. 마사지가 끝날 때쯤 아이는 할머니 품에서 흐느끼면서 잠들어 있었다. 친정엄마의 말씀에 따르면 내가 마사지 받는 동안 아기띠 안에서 뒤로 몸을 젖히면서 소리 지르며 계속 울었다고 한다. 그렇게 울다가 제 풀에 지쳐서 방금 잠이 들었다고 하셨다. 할머니 품안에서 자면서도 계속 어깨를 들썩이며 흐느끼고 있었다. 내가 잠든 아기를 받아서 안으니 신기하게도 흐느낌이 뚝! 편안하고 평온하게 잠을 자기 시작했다. 아이는 이렇게 본능적으로 엄마냄새를 느끼고 그 속에서 편안함을 느낀다는 것을 느꼈다.

이렇게 아이에게 전부는 엄마이다. 특히 영유아기에는 아이에게 엄마는 우주와 같다. 그래서 그 시기에 더 많이 안아주고, 뽀뽀해주어야 한다. 엄마와의 이러한 스킨십으로 아이는 정서적 안정을 얻고 내면이 밝은 건강한 아이로 성장해 나가는 것이다. 엄마 역시 아이와의 스킨십을 통해서 에너지를 얻는다. 엄마라면 누구나 느낄 것이다. 아이를 안았을 때 느낄 수 있는 그 따스함. 육아 스트레스로 지쳐서 다 놓아버리고 싶을 때가 있다. 아이를 안았을 때 따스함, 그와 더불어 안겨서 눈을 마주치며 쌩글쌩글 웃는 모습에 스트레스는 온데간데없이 사라진다. 다시 육아를 열심히 할 수 있는 에너지도 얻는다.

나도 미숙한 초보 엄마라서 가끔 내 감정이 조절되지 않을 때가 있다. 아이에게 짜증을 내기도 하고 엉덩이를 팡팡 때릴 때가 있었다. 짜증내는 엄마, 엉덩이를 팡팡 때리는 엄마라서 밉고 싫을 텐데 아이는 이내 엄마 품을 찾는다. 그리고 순수한 눈으로 엄마를 다 용서한다는 듯이 쳐다본다. 그럴 때 아이의 무조건적인 믿음과 사랑을 느끼게 된다.

실제로 아이는 무조건적으로 부모를 사랑한다. 심지어 아동 학대를 받는 아이도 늘 때리는 자기 부모가 싫을 법도 한데, 무조건적으로 부모를 사랑한다고 한다. 아이들은 우리가 사랑하는 것보다 더 많이 부모에게 사랑을 주는 존재일지도 모른다. 내 아이 외에 세상 어느 누가 이렇게 무조건적으로 나를 사랑해 줄까?

이렇게 아이가 엄마에게 무조건적인 사랑을 주는 시기가 영유아기이다. 이 시기에 아이에게 애착육아를 해야 한다. 아이는 자신이 보내는 무조건적인 사랑이 거부당하지 않고 받아들여지는 과정을 통해 타인에 대한 신뢰감을 형성

한다. 이 신뢰감이 바로 성인이 되었을 때 대인관계의 초석이 된다. 그런데 무조건적인 자기의 사랑을 부모가 자꾸 받아 들어주지 않고 거부한다면 이 초석이 제대로 세워질 수가 없다. 이렇게 되면 타인을 믿지 못하고 이로 인해 대인관계가 원만하지 않게 될 가능성이 크다. 이 세상은 절대 혼자 살아갈 수 없다. 우리 아이가 대인관계가 원만하지 않아 혼자서 고립되어 살아간다면 얼마나 아이가 힘이 들까?

가장 중요한 것은 엄마와의 피부 접촉을 통해 아이가 사랑받고 있음을 느끼게 해주자. 많이 안아주고, 많이 비벼주고, 마사지 해주자. 그리고 부모가 아이의 눈빛을 읽으면서 아이의 행동이 어떤 의미를 갖는지 이해하고 공감하는 것이 행복한 아이로 성장하도록 돕는 지름길이다.

오늘도 두 딸을 틈나는 대로 안고, 뽀뽀해주고, 마사지 해주며 서로의 사랑을 나누며 보내야겠다.

정서적 안정을 위해

"엄마가 응가는 변기에 하는 거라고 이야기했지?"

도끼눈을 뜨고 매섭게 아이를 노려보며 소리를 질렀다. 배변훈련을 곧잘 따라와서 낮 시간 동안에는 스스로 배변의사표현도 하고, 급할 때에는 스스로 팬티를 내리고 변기에 앉던 아이였다. 외출해서도 유아용변기에서 배변을 해서 집에 돌아와서 보면 기저귀가 깨끗할 때가 대부분이었다. 외출할 때에도 기저귀를 떼고 팬티를 입히려는데 다시 원점으로 돌아와 버렸다.

말을 잘 알아듣고 잘하던 아이가 다시 거실 여기저기에서 오줌을 누고, 팬티를 입고 그대로 응가를 했다. 다하고 난 뒤 "응가 했어."라고 나에게 말하면서 왔다. 아이의 다리와 엉덩이를 씻기며 소리 지르면서 혼을 냈다. 대소변을 잘 가리던 아이가 그렇게 하니 화가 났다. 게다가 하루에 한 두번씩 똥 묻은 팬티를 씻는 것도 너무 싫었다. 그렇다보니 엉덩이 씻기며 더 소리 지르고 화를 냈다.

처음에는 "응가는 변기에서 하는 거야!! 알겠어?"라고 다그치듯 물어보면 "응!"이라고 대답을 했다. 그런데도 계속 대소변을 팬티를 입은 채 바닥에 실수했다. 계속 혼내고, 혼냈더니 배변훈련관련 이야기만 해도 딴청을 부렸다. "응가는 변기에서 하는 거지?"라고 물어보면 "안녕하세요." "감사합니다."라고 엉뚱한 말을 하거나 노래를 부르며 딴청을 부렸다. 아이가 분명히 말을 다 알아듣는 것을 아는데 그런 반응을 하니 짜증이 났다. 계속 배변 실수를 할 때마다 화내고 소리 지르기가 반복되었다. 또 응가를 팬티에 해서 씻기는 중 갑자기 아이가 자기 머리를 자기 주먹으로 때리며 "때찌! 이놈!" 이라고 이야기 하는 것이다. 그때 아차! 란 생각이 머릿속을 지나가며 사태의 심각성을 느끼게 되었다. 부족한 초보엄마인 나는 그제야 내 행동이 잘못된 것을 파악한 것이다.

왜 아이가 갑자기 대소변을 다시 못 가리게 되었을까?

몇 달 전 내 딸은 동생이 생겼다. 우리 부부에게는 힘들게 얻은 귀한 딸이자 양가에서는 첫 손녀라 온갖 사랑과 귀여움은 독차지 하면서 자랐다. 그런데 갑자기 동생이 생겼다. 친구 집에 놀러가서 다른 아기를 잠깐 안아줘도 싫어하는 표현을 많이 하는 질투심 많은 아이라 걱정을 했다. 생각했던 것과 달리 동생을 너무 좋아하고 질투도 별로 하지 않았다. 내심 다행이라고 생각했다. 친정에서 산후조리 중이라 외할머니, 외할아버지가 지속적으로 첫째에게도 관심을 계속주고 있었다. 둘째가 젖을 잘 못 물어서 유축을 해서 젖병에 담아 수유하는 중이었다. 첫째가 질투를 많이 할 까봐 주로 나 대신 할머니, 할아버지가 젖병으로 수유를 했다. 그리고 3~4시간에 한 번씩 유축을 해야 했기에 대부분 시간을 유축을 하니 주로 둘째를 안고 트림시키고 어르고 달래는 것은 산후도우미, 할아버지, 할머니 차지였다.

그런데 한 달 전부터 갑자기 둘째가 젖병을 거부하더니 직수를 하기 시작했다. 조리원에서도 가슴마사지하는 분들도 모두 입을 모아 '직수가 힘든 가슴모양'이라고 이야기 했다. 모두들 입을 모아 젖양은 많으니까 그냥 유축해서 먹이라는 이야기만 하셨다. 첫째 역시 직수에 실패하고 9개월까지 유축을 해서 먹였던 터라 둘째는 꼭 직수를 하려했는데 저런 이야기만 들으니 낙담했다. 그랬는데 어느 날 갑자기 직수를 하는 것이다. 너무 너무 신기했다. 직수를 시작하니 잠깐 뒤돌아서면 쌓이던 유축 깔때기, 유축젖병, 수유 젖병 설거지가 사라졌다. 너무 편한 신세계를 맛볼 수 있었다. 모두들 힘들 것이라고, 안 될 것이라고 했던 직수를 하는 둘째가 신기하고 고맙기만 했다.

직수를 하다 보니 자연히 내가 둘째를 안고 있는 시간이 늘어났다. 직수를 하는 둘째모습이 마냥 대견스럽고 예뻐서 "아이 예뻐"라는 말을 입에 달고 살았다. 기저귀를 갈면서도 "우리 아기는 응가도 황금변으로 좋네! 잘했어요!"라는 이야기를 끊임없이 했다. 둘째에게 무한 사랑을 표현하고 있느라 그걸 지켜보고 있던 첫째를 간과한 것이다.

그 때부터 첫째가 대소변을 못 가렸다. 평소에 혼자 잘 놀아서 그냥 놀게 놔두었다. 그런데 관심이 필요했나 보다. 본인에게 관심을 가지지 않다가 대소변을 팬티입고 그대로 하면 엄마가 화를 내긴 하지만 안고 있던 동생은 아기 침대에 내려놓고 자기에게 달려가니 그랬던 것 같다. 아이는 엄마의 사랑과 관심을 갈구하고 있었던 것이다.

동생은 기저귀에 응가를 할 때마다 칭찬을 받으니까 자기도 팬티에다가 응가를 하면 엄마가 칭찬을 해줄까라는 생각도 했었던 것 같다. 그런데 동생은 응가만 하면 예쁘다고 이야기 해주고 칭찬해주면서 자기는 응가 할 때마다 엄마가 화내고 소리를 지른다. 얼마나 억울하고 속상했을까? 그래서 자기 머리를 자기 주먹으로 때리며 "때찌! 이놈!" 이라고 이야기 한 것이다.

그제야 아이가 정서적으로 힘들다는 것을 파악했다.

내가 변해야 할 때가 온 것이다. 첫째는 분유도 자연스럽게 돌이 지나자마자 생우유를 먹었고, 젖병도 집착 없이 끊었다. 애착을 가지던 공갈젖꼭지도 단 이틀 만에 끊어서 나를 힘들게 한 적이 없었다. 그래서 당연히 기저귀도 쉽게 뗄 줄 알았다. 말도 또래보다 잘하고 이해력도 빨라서 당연히 잘 할 것이라 생각했다. 그런데 이런 일이 반복되니 화가 났다. 잘하던 아이가 그러니 더 화가 났다. 팬티를 입고 대소변을 해서 팬티를 손빨래로 애벌빨래 하는 것은 너무너무 싫었다. 똥 묻은 팬티를 씻어야 한다니.. 게다가 바닥에 싼 똥오줌을 닦아내는 것도 귀찮았다. 내가 귀찮고 하기 싫으니까 더더욱 아이에게 도끼눈을 뜨고 몰아붙이며 화를 내면서 소리를 질러댔던 것이다. 아이의 마음은 전혀 생각하지 못한 채.

내가 소리 지르고 화내는 동안 첫째의 정서는 많이 흔들리고 불안했던 것이다. '나는 엄마를 사랑하는데, 엄마는 나를 사랑하지 않나보다.'라는 생각을 한 것이다.

양육의 본질인 애착육아로 돌아갈 때이다. 다시 많이 안아주기, 눈 마주치고 대화하기, 집중 놀이 시간 가지기를 하기로 결심했다. 다음날 아이가 잠에서 깨어났다. 옆에서 기다려주다가 뽀뽀하고 꼭 안아주며 "잘 잤어?"라고 이야기 해주었다. 참 오랜만에 그렇게 아이와 아침을 맞이했다. 아침 식사 후에는 아이와 함께 블록 쌓기 놀이도 하고, 아이가 좋아하는 동요를 틀어놓고 같이 따라 부르면서 율동도 하고, 잡기놀이도 했다. 별 것 아닌데도 아이는 깔깔거리며 넘어갔다. 신나게 놀아주다가 아이가 책을 읽어달라고 가져왔다. 아이를 무릎에 앉히고 꼭 안고 읽어줬다. 요 근래에는 책 가져오면 "동생 쭈쭈 먹고 나면 읽어줄게, 동생 기저귀 갈고 나면 읽어줄게."라고 미루다가 안 읽어주고 그냥 넘어가는 일이 많았다. 그런데 오랜만에 무릎에 앉혀서 책을 읽어주니 너무 좋아했다. 그리고 변기에 대소변을 하면 기립박수 치고 오버하면서 칭찬을 해주었다. 그렇게 하루 종일 첫째에게 관심을 좀 더 가지고 애정표현을 하면서 보냈더니 그 날은 팬티에 단 한 번의 실수만 했다. 역시나 아이는 엄마의 사랑과 관심을 갈구 하고 있었던 것이다.

예전에 분유, 젖병, 공갈젖꼭지를 졸업할 때에는 아이가 하나 이다 보니 온갖 사랑과 관심을 주어서 자연스럽게 뗄 수 있도록 도와주었다. 하지만 어린 둘째에게 관심이 분산되고, 첫째도 아직 아기인데 무조건 동생을 위해서 양보하라고만 했더니 이런 퇴행현상이 온 것이다. 퇴행현상을 보일 때마다 윽박지르고 화내는 엄마모습을 보며 정서적으로 상처도 많이 받았던 것이다.

애착이란 엄마와의 정서적인 친밀감을 뜻한다. 이러한 애착이 제대로 발전하면 아이는 정서적으로 안정된 성인으로 자라고 사회성 발달에도 긍정적인 영향을 미친다. 반대로 애착이 재대로 발전하지 못해 애착장애를 가지게 된다면 정서적, 사회적 관계형성이 곤란하게 된다. 그리하여 성인기에 성격적인문제로 발현되어 심각한 심리적인 문제로 발생될 확률이 높아진다.

우리 첫째도 한없이 사랑을 주던 엄마가 동생이 생기자마자 행동이 바뀌어 정서적으로 많이 불안했나보다. 그것을 표현하고 싶은데 아직 말이 서툴다 보니 그러한 행동으로 표현했던 것이다. 초보엄마인 나는 그 신호를 늦게야 알아차리게 되었다. 아이가 정서적으로 힘들 때에 가장 필요한 것은 엄마의 사랑과 관심이다. 특히 동생이 생겨서 퇴행현상이 보일 경우에는 더욱이 엄마의 사랑과 관심이 필요하다. 엄마가 하나부터 열까지 일일이 손이 가는 어린 동생을 돌보면서 첫째에게 까지 끊임없이 사랑과 관심을 주기 힘들다는 것을 안다. 나역시 지금 두 딸의 육아로 고군분투하고 있기 때문에 정신이 없고, 육체적으로도 많이 힘든 것이 사실이다.

하지만 아이들의 정서는 엄마의 사랑을 먹고 쑥쑥 자란다. 어린 둘째를 돌보면서도 중간 중간 첫째를 안아주고 뽀뽀해주자. 눈 마주치며 이야기도 해주고 칭찬도 많이 해주자. 쑥쑥 자라느라 성장통도 겪을텐데 팔다리도 주물러주자. 엄마가 이렇게 무한 사랑과 관심을 보내주면 동생으로 인했던 불안감이 감소될 것이다. 그리고 자연스레 퇴행현상도 좋아질 것이다.

동생이 없는 아이들 역시 엄마의 사랑과 관심은 필수적이다. 엄마의 무한 사랑과 관심을 받고 쑥쑥 자란 아이는 내면이 건강하고 밝은 성인으로 자라게 될 것이다.

오늘 하루 내 아이를 좀 더 사랑해 주자. 아이는 환한 미소로 화답할 것이다.

육아의 나침반,
나만의 육아원칙 세우기

나는 첫째를 낳고 나만의 확고한 육아원칙이 없었다. 그러다보니 주변 사람들의 이야기에 따라 이리 휩쓸리고, 저리 휩쓸려가면서 일관성 없는 육아를 했다. 하루는 밥상머리교육이 중요하다는 이야기를 들었다. 아이가 밥을 안 먹고 돌아다니거나 밥으로 장난을 치면 단호하게 밥을 안줬다. 동네언니들이 그 모습을 보고 그러다 아이가 배고파서 잘 안 크면 어떻게 하냐고 걱정하셨다. 한창 호기심이 많아서 그러는 것이니 돌아다니면서 먹더라도 먹으면 밥을 주라고 조언해줬다. 그 당시 키와 몸무게다 또래보다 많이 작았던 첫째라서 바로 마음을 바꿔 돌아다니면서 먹더라도 밥을 주었다. 엄마인 내가 매사에 이렇게 왔다 갔다 일관성 없는 양육태도로 대하여 아기도 많이 혼란스러웠을 것이다. 내가 이렇게 양육한 것은 내안에 나만의 확고한 육아원칙이 없었기 때문이다.

게다가 내 컨디션에 따라서 같은 상황인데도 어떤 때에는 웃으며 받아주고, 어떤 때에는 화를 내기도 했다. 아이가 이유식을 먹을 때였다. 이유식을 먹으

면서 자꾸 소리를 지르고 뚜껑을 바닥으로 집어 던지면서 장난을 치면서 받아
먹고 있었다. 큰 목소리로 혼냈더니 소리 지르면서 운다. 사실 이유식 먹는 시
간에 뚜껑가지고 놀면서 먹는 습관은 내가 만든 것이다. 이유식을 잘 안 먹는
데 뚜껑가지고 놀고 있을 때 주면 그것을 가지고 노는데 집중하느라 잘 먹었
다. 그 날은 나도 배가 고픈데 하루 종일 아이가 안아달라고 해서 점심을 못 먹
어서 배도 고프고 짜증이 나 있는 상태였다. 아이는 평소와 다름없이 이유식
뚜껑을 가지고 놀면서 밥을 먹고 있을 뿐이었다. 그런데 내가 배가 고프니까
아이의 평소와 다름없는 행동이 밉게 보인 것이다. 내 감정을 제대로 제어하지
못해 소리 지르며 짜증을 아이에게 퍼부은 것이다.

 이런 일도 있었다. 우리 첫째는 잠투정이 심하다. 태어나서 지금까지 아이는
잠드는 것을 무척 힘들어 한다. 아기 때에는 잠드는 것을 힘들어해서 큰 소리
로 우니까 안아서 재웠다. 안아서 재우면 칭얼거리긴 해도 큰 소리로 울지 않
으니까. 낮에는 자고 있는 아기를 살짝 눕히기만 해도 깨서 낮잠 자는 내내 안
고 있었다. 그런데 그 날은 내가 너무 피곤하고 졸린 날이었다. 나도 아이와 함
께 낮잠을 자고 싶었다. 공갈젖꼭지를 물리고 침대에 같이 누웠다. 눕히자마자
자지러지게 운다. 평소와 다르게 안아서 안 재워주고 바로 눕히니 난리가 났
다. 졸린데 아이가 우니 또 짜증과 화가 스멀스멀 밀려왔다. 아이에게 소리 지
르면서 운다고 못된 아기라고 화를 내고 혼냈다. 훈육이 아니라 내 안의 짜증
을 제어하지 못하고 화를 낸 것이다. 아이는 엄마의 평소와 다른 행동에 혼란
스러웠을 것이다. 양육에는 일관성이 무엇보다도 중요하다. 그런데 주위 사람
조언에 의해, 내 감정에 의해 다르게 행동한다면 아이는 혼란스럽다 그리고 엄
마에 대한 신뢰감이 와르르 무너져 내린다.

 아이를 키우면서 힘들 때 마다 육아서를 한 권, 두 권 읽기 시작했다. 그러다

가 내 육아 원칙을 세워야겠다는 생각이 퍼뜩 들었다. 원칙을 세워두면 육아의 방향성이 잡힐 것이라는 생각이 들었다.

다음은 내 육아 원칙이다.

① 내 아이는 내면에 위대한 힘이 있다. 믿고 기다려 주자.

② 남에게 해가 되는 행동은 흥분하지 않고 단호하게 훈육한다.

③ 많이 안아주고, 사랑의 눈빛으로 눈을 마주친다. (사랑 듬뿍 주기)

④ 사람들 앞에서 아이를 비난하지 않는다.

⑤ 놀이를 할 때에는 놀이에만 집중하자. 놀이를 학습과 연결시키지 말자.

⑥ 장난감, 책을 과하게 주지 않는다. (계획된 소비와 절제하는 마음 가르치기)

⑦ 아이를 믿고, 스스로 하도록 하며, 스스로 선택하게 한다.

⑧ 책육아+산책육아+엄마표 놀이육아 (눈 마주치며 성실히! 내가 즐기면서 몰입하기)

육아 원칙을 세워 늘 가지고 다니는 메모지 맨 앞장에 적어놓았다. 적어놓고 틈날 때마다 읽어본다. 아직 육아원칙을 내면화하고 있는 중이라 모든 육아 상황에 육아 원칙을 100% 적용하면서 키우고 있지는 않다. 나만의 육아원칙을 세우다 보니 육아 정보의 홍수 속에 빠져서 좋아 보인다고 무조건 따라하던 내 모습이 바뀌었다. 나의 육아관과 맞는지, 내 아이에게 맞는 것인지에 대한 생각을 먼저 한다. 그리고 우리에게 맞는 것만 선별해서 나만의 스타일의 육아로 만들어 나가고 있다.

그럼 어떻게 육아원칙을 세우는 것이 좋을까?

나는 우리 아이가 어떤 아이로 성장했으면 좋을까라는 것을 생각해보았다. 우리 부부가 학창시절 공부를 잘했던 것이 아니라서 공부 잘하는 아이로 키우고 싶다는 생각은 해 본적이 없다. 아이를 임신했을 때에도 아이가 원하면 사교육을 시키고 굳이 원하지 않는다면 시키지 말자는 이야기도 했었다. 공부는 잘 하지 않더라도 책을 읽는 것은 좋아하는 아이로 키우고 싶었다. 내가 뒤늦게 책을 읽으며 내 삶에 대해 생각하고 새로운 꿈을 찾는 경험을 했다. 진즉에 책을 좀 읽을 걸 이라는 후회도 했다. 책을 공부의 도구로써가 아니라 그냥 순수하게 책 읽는 것을 즐거워하고 좋아하는 아이로 컸으면 좋겠다는 생각을 했다. 책을 좋아하고 내면이 밝고 건강한 아이로 키우고 싶다는 생각이 들었다.

연습장에다 이 큰 목표를 써놓고 마인드맵형식으로 생각이 나는 대로 어떻게 키우면 좋을지 쭉쭉쭉 써보았다. 그냥 낙서하듯이 쭉쭉쭉 썼다. 정해놓고 실천해보면서 아닌 것 같으면 수정해도 되니 편안한 마음으로 썼다. 그리고 난 뒤 비슷한 내용끼리 묶어서 정리한 것이 위의 양육원칙이다. 그 다음 중요한 것은 이 양육원칙을 눈에 잘 띄는 곳에 써놓는 것이다. 나는 매일 가지고 다니는 작은 수첩 앞장에 적어놓았다. 그리고 핸드폰 카메라로 찍어놓기도 했다. 눈에 보이는 곳에 양육목표를 적고, 자주 보면서, 되든 안 되든 적고 노력하면 된다. 그러다 보면 문제 상황에 봉착했을 때에도 해결할 수 있는 방법이 자연스레 뒤따라 나올 것이다.

육아 원칙이 없을 때에는 책육아를 한답시고 사람들이 좋다는 전집은 경제적 여건이 되는 한 무분별하게 다 사들이려고 했다. 어느 날 문득 정신을 차리고 보니 온 집안이 책으로 빽빽이 둘러 쌓여있었다. 보기만 해도 갑갑해졌다. 책 산 돈이 아까워 잘 놀고 있는 아이에게 억지고 책을 들이밀기도 했다. 책을 좋아하던 아이가 책을 안 읽으려고 했고, 책을 읽자고 하면 도망갔다. 정신을 차리고 보니 이건 아니다 라는 생각이 들었다. 그래서 육아원칙에 장난감, 책 등을 과하게 주지 않는다는 목표를 세웠다. 요즘에는 남들이 좋다는 전집을 무분별하게 사들이지 않는다. 단행본이든 전집이든 책 내용을 보고 우리아이에게 필요할 때에만 구입했다. 이렇게 구입하니 아이도 더 책을 재미있어하고 잘 본다.

이렇게 육아원칙은 중요한 것이다. 특히나 나처럼 귀가 얇은 사람에게는 육아원칙이 더욱더 필요하다. 아니면 이리저리 비일관적으로 아이를 키우게 된다. 아이는 부모의 비일관적인 양육태도에 혼란스러워하고 부모와의 신뢰감이 무너져 타인을 믿지 못하면서 성장하게 된다.

특히 애착육아에서는 일관적인 양육태도가 더욱이 중요하다. 엄마의 양육태도에 따라 아이의 성격과 애착관계가 달라지기 때문이다. 일관적 양육태도를 가지기 위해서 먼저 해야 할 일이 나만의 육아원칙을 세우는 것이다. 나만의 육아원칙은 육아의 방향성을 제시하는 나침반과도 같은 역할을 한다. 육아원칙이 있을 경우 내가 어떻게 아이를 키워야 할지에 대하여 감이 오지 않을 때 큰 도움이 된다.

일관된 양육태도로 엄마와의 신뢰감을 쌓은 아이는 세상에 대한 신뢰감을 온 몸으로 경험한다. 게다가 '나는 소중한 사람이구나.'라는 자기 자신에 대한 신뢰감도 만들어 진다. 이렇게 세상과 자기 자신에 대하여 신뢰감을 쌓은 아이는 사회성발달의 첫 단추를 잘 채운 것이다. 신뢰감을 뿌리로 하여 타인과의 관계형성이 시작되는 것이다.

일관된 양육태도를 위해 지금 당장 펜과 종이를 가져오자. 가운데에 자신의 양육목표를 쓰고 어떻게 하면 그 양육목표에 맞는 아이를 키울 수 있을지 편안하게 쭉쭉 써보자. 그리고 이것을 바탕으로 나만의 육아 원칙을 세우자. 눈에 띄는 곳에 이 육아원칙을 붙여놓자. 주부들은 자주 여닫는 냉장고에 붙여놓도 좋고, 나처럼 핸드폰으로 메모한 것을 사진으로 찍어놓아도 좋다. 수시로 들여다 볼 수만 있으면 되는 것이다. 생각날 때 마다 보자. 그리고 아이를 키우다가 힘들거나 고민이 있을 때에도 다시 한 번 더 보자. 이 육아원칙이 든든한 육아의 나침반이 되어줄 것이다.

　육아원칙에 의해 일관적인태도로 키워진 우리 아이들은 세상에 대한 신뢰감을 바탕으로 건강한 성인으로 성장하여 나아갈 것이다.

제2장
애착육아란 무엇인가

가슴으로 교감하는 사이

아기가 잠든 것을 확인하고 살금살금 조용히 거실로 나간다. 몇 분 뒤 "으앙
~"방에서 울음이 터져 나온다. 아기가 잠에서 깬 것이다. 두 돌이 되기 전까지
아기는 자고 있을 때 옆에 내가 없으면 신기할 만큼 알아차렸다. 잠이 든 것을
완벽하게 확인하고 여유롭게 차 한 잔을 하거나 밀린 집안일을 하려고 했다.
잠시만 자리를 비워도 귀신같이 알아채서 밤잠은 물론이고, 낮잠을 잘 때도 항
상 옆에 누워 있어 줘야만 했다. 아기와 엄마는 보이지 않은 끈으로 묶여져 있
는 것 같다. 그래서 잠시만 내가 자리를 비워도 알아차리는 것이 아닐까? 엄마
의 온기와 냄새를 본능적으로 기억한다. 자다가 엄마의 온기와 냄새가 사라져
서 알아차리는 것 같다.

모유수유를 할 때 아이가 눈을 마주치며 열심히 젖 먹는 모습을 보면 황홀한
느낌이 들 때가 있다. 나는 젖몸살이 심한 케이스이다. 첫째 때에도 젖이 돌기

시작하면서부터 시작한 젖몸살은 수유하는 기간 내내 나를 괴롭혔다. 둘째 때는 좀 괜찮을지 알았는데 젖이 돌기 시작하면서부터 또 다시 젖몸살이 시작되었다. 거기에 유선염까지 심하게 와서 고열이 펄펄 나면서 가슴이 아파서 아기를 안아줄 수도 없었다. 몸살 기운에 팔다리에 힘이 빠져서 꼬박 일주일을 고생했다. 게다가 첫째는 젖을 물지를 못해서 9개월까지 유축해서 보관해 놨다가 아기가 먹을 시간에 젖병에 옮겨 담고 중탕해서 먹이곤 했다. 유축수유는 모유수유의 단점과 분유수유의 단점만 모아놓은 것이다. 그래서 모유수유를 포기하고 싶었던 적이 한 두 번이 아니다. 하루에도 수 십 번씩 단유를 할까? 라는 고민을 했다.

첫째 때에 젖몸살이 왔을 때 아기에게 젖 먹이는 것이 빨리 낫는 방법이라고 했다. 아기가 잘 물지 못해 유두보호기를 착용하고 물렸다. 아파서 눈물을 뚝뚝 흘리면서 젖을 먹이고 있었다. 친정에서 산후조리 하고 있던 기간이라 엄마가 옆에서 그 모습을 지켜보고 계셨다. 나중에 첫째를 9개월 동안 수유를 하고 단유를 할 때 엄마께서 그 모습 보면서 너무 속상해서 "분유 값 내가 내줄테니까 그냥 분유 먹여라."라고 이야기 하고 싶은 것을 참았다고 하셨다.

쉽게 모유수유를 하는 사람들도 있지만 나는 아기가 잘 물지 못하는 가슴모양이고, 치밀유방 인데다 젖양이 너무 많아서 수시로 젖몸살이 오는 케이스이다. 그래서 모유수유를 하는 내내 크고 작은 트러블이 많이 생겼다.

단유를 심각하게 고민하다가 아이를 직접 젖을 물렸을 때 그 기쁨은 말로 표현할 수 없게 행복하다. 젖 먹으며 눈을 마주치는 모습을 보면 육아로 지친 마음이 위안을 받는 느낌이다. 엄마와 아이는 이렇게 모유수유를 통해 교감하면서 또 친밀도를 높여가는 것이다. 이런 교감의 행복한 느낌이 없었다면 젖양이 많았음에도 불구하고 힘든 모유수유를 진작에 포기했을 것이다.

아이와 부모는 함께 가슴으로 교감을 하면서 부모 자식 간에 애착이 생겨난다. 이러한 깊은 애착은 아동기와 청소년기를 거쳐 성인이 될 때까지 모든 방면의 발전에 주춧돌이 된다. 애착을 토대로 타인에 대한 신뢰감이 생기고, 자기 자신을 사랑하는 마음이 생기고, 안정적인 정서를 가지고 건강하게 성장하는 것이다.

아이의 엄마의 교감이 아이에게만 좋은 것은 아니다. 육아를 하다보면 정말 집밖으로 뛰쳐나가고 싶을 때도 많다. 특히 첫째가 5~6개월 되었을 무렵에는 우울감에 사로 잡혀 있었다. 외향적인 성격이라 친구들과 어울리는 것을 좋아하던 내가 하루 종일 말도 못하는 아기랑 집에만 있어야 했다. 게다가 서울에는 친척도 없었고 신랑도 늦게 퇴근해서 누구하나의 도움을 받을 수 있는 처지도 아니었다. 신랑이 늦게 퇴근할 때에는 하루 종일 사람 목소리는 TV를 통해서 밖에 들을 수 없을 때에도 있었다. 밥도 끼니때 마다 챙겨먹지도 못하고 우유나 이런 것으로 때우다가 너무 허기지면 아기를 업고 싱크대에 서서 대충 밥을 마시듯이 먹었다. 매일 하던 샤워를 3~4일에 한 번씩 겨우 하다 보니 거울을 볼 때마다 비춰지는 내 모습에 내가 깜짝 놀랄 때도 있었다. 심지어 화장실에 볼 일 보러 갈 때도 아기가 울어서 업고 갈 때도 있었다. 이런 날이 매일매일 반복되자 우울감에 사로잡혀서 혼자서 엉엉 울 때도 많았다. 주말에 집에 있는 신랑을 붙잡고 아무래도 우울증인 것 같다고 엉엉 울기도 했다.

힘들어서 포기하고 싶고 훌쩍 떠나버리고 싶은 내 마음을 잡아주는 것이 아이와 가슴으로 교감 하는 것이다. 아이와 눈을 마주치며 수유를 할 때, 아이가 나를 쳐다보며 씽긋이 미소를 보내 줄 때, 나날이 성장해 나가는 모습을 볼 때 말로 표현할 수 없는 행복감을 느낀다. 그리고 그 행복감이 다시 육아를 할 수 있는 힘을 준다.

엄마와 아이가 가슴으로 교감하는 것은 아이의 안정적 정서 형성에 큰 도움이 된다. 그 뿐만 아니라 엄마의 정서적 안정에도 큰 도움이 되는 것이다. 그 정서적 교감의 힘으로 힘든 육아의 길도 걸어 나갈 수 있게 한다. 아이와의 정서적 교감이 없었다면 끈기가 없어 쉽게 포기를 하는 성향을 지닌 내가 육아를 포기해 버렸을지도 모른다.

아이를 키우면서 느끼는 교감은 처음으로 느껴보는 황홀하고 행복한 느낌이다. 엄마가 되지 않으면 느끼지 못하는 특별함이 있다. 아이를 낳기 전에 느꼈던 행복과는 또 다른 느낌의 행복감이다. 이 행복감은 엄마만 누릴 수 있는 특권이다.

아이가 나날이 커가면서 감동을 주고, 코를 찡긋거리며 꽃 미소 날려주고, 소리 내며 하하하 웃어주고, 엄마를 쳐다보면서 눈웃음을 지어주고, 입을 크게 벌리고 함박웃음 짓고, 열심히 젖을 먹으며 내 눈을 쳐다보고.. 이럴 때 육아로 힘들었던 일은 다 잊어버리고 사랑이라는 감정만 퐁퐁퐁 솟아오른다. 이것이 바로 엄마만 느낄 수 있는 특권이다.

오늘도 두 딸과 교감을 하면서 엄마만 느낄 수 있는 특권을 마음껏 누리는 하루를 보내야겠다.

아이가 우는 이유

　매일매일 낮잠과의 전쟁이다. 우리 첫째는 아직 어린데도 불구하고 낮잠을 잘 자지 않는다. 정확히 말하면 졸려도 더 놀고 싶어서 참는다. 15개월경부터 낮잠을 안자고 버티는 경우가 많아졌다. 아직 어려서 낮잠을 자야 잘 크기 때문에 재우기 전쟁이 시작되었다. 햇볕을 쬐면 잘 잔다기에 아침만 먹이고 간단히 집안일 해놓고 놀이터에 데리고 나갔다. 나가서 같이 미끄럼틀도 타고, 시소도 타고, 계속 걷게 했다. 아이가 지겨워할 때까지 열심히 놀아줬다. 집에 와서 간식을 먹이니 눈을 비비며 칭얼거렸다. 낮잠을 재우려고 아이가 간식 먹은 것을 정리도 안하고 바로 방에 눕혀서 책을 읽어주었다. 한참 책을 읽어줘도 안 잔다. 그래서 "이제 엄마가 토닥여 줄테니 자자."라고 이야기 하며 토닥여 주려고 했다. 갑자기 아이가 벌떡 일어나더니 웃으며 "점프~ 점프~"를 외치며 침대 위를 걸어 다닌다.

　처음에는 부드러운 어투로 "코코 낸내 해야지. 코코 낸내 하고 일어나서 또

42

놀자."라고 이야기 했다. 자꾸 시간이 흐르고 목소리는 점점 커졌다. 아이는 여전히 신이 나서 침대 위를 걸어 다니며 즐거워했다. 얼른 재우고 나가서 간식 먹은 것 정리해 놓고, 간단히 점심도 먹고, 피곤해서 나도 잠깐 낮잠을 자고 싶은데 안자고 버티니 짜증이 났다. 배까지 고프니 신경은 더욱더 곤두섰다.

신이 나서 침대를 돌아다니는 아이의 팔을 거칠게 확 잡아끌어서 억지로 눕혔다. 그리고 소리를 질러댔다. "빨리 안자? 엄마 힘들어 죽겠다. 으이구 좀 자라 자! 눈 안감아? 눈 빨리 감아! 하루 이틀도 아니고 도대체 왜 그래!"아이는 놀라서 눈만 동그래졌다. 그러더니 눈물만 뚝뚝 흘리면서 내 눈치를 보며 누워있었다. 아이가 울고 있어도 화가 머리 끝까지 나서 우는 아이를 달래줄 생각도 못했다. 아이가 울면서 눈을 뜨고 있으면 싸늘한 목소리로 "누가 눈을 뜨고 자? 눈 빨리 감으라 했지."라고 윽박질렀다. 결국 아이는 울다 지쳐서 잠들었다. 울어서 퉁퉁 부은 얼굴로 잠든 아이 얼굴을 물끄러미 쳐다보고 있었더니 갑자기 죄책감이 밀려왔다. 결국 오늘도 헐크로 변신해서 아이를 울렸구나. 후회가 밀려왔다.

왜 우리 아이는 졸린 데도 낮잠을 안 잘까? 그 상황에서 우리 아이는 어떤 감정이었을까?

잠든 아이 옆에 누워서 생각해 봤다.

아이가 한창 낮잠을 거부할 당시에 걷기 시작했다. 특히 잘 걷기 시작한지 일주일쯤 되었을 때부터 더더욱 낮잠을 안 자기 시작했다. 걷기 시작하다보니 기어 다닐 때보다 시야가 확장되어서 모든 것이 신기한 것투성이 일 것이다. 특히 우리 아이는 늦게 걷기 시작하다 보니 더더욱 모든 것이 신기했을 것이다. 침대 위를 걸어 다니며 관찰도 하고 싶고 걷는 것에 대하여 한창 재미도 붙여가고 있을 때라 자지 않고 침대 위를 걸어 다닌 것이다. 침대 위에서도 걸어

다니면서 관찰 하느라 밀려오는 잠도 참아왔던 것이다.

　침대 위를 웃으면서 걸어 다닐 때 나는 아이가 나를 비웃고 놀리는 것처럼 생각이 들었다. 빨리 안자고 자꾸 놀리고 하는 모습이 '어디 한번 재워봐. 난 안 잘 꺼지롱.'하고 아이가 비웃는 것처럼 보였다. 내가 피곤하고 배가 고프니 아이의 행동이 비뚤어지게만 보였다. 비뚤게 아이의 행동을 보고 해석했더니 더 화가 난 것이다. 그런데 아이는 단순히 자신이 걸을 수 있다는 기쁨을 그저 온 몸으로 표현하고 있을 뿐이었다.

　아이의 입장에서 감정이입을 하며 아이를 이해해보려고 했더니 그제야 아이의 행동이 이해가 되었다. 나는 엄마인 내가 가장 아이를 잘 알고 있다고 생각했다. 하지만 정작 나는 아이에 대해 제대로 된 이해를 못하고 있었다. 감정이입을 해 보려는 생각을 하지 못해 가장 잘 알고 있다고 생각하고 있는 내 아이를 실제로는 전혀 이해하지 못하고 있었던 것이다. 감정이입을 하며 아이를 이해하도록 노력하면 아이에게 큰 소리 치며 화를 내는 일이 크게 줄지 않을까?

　아빠랑 둘이서 신나게 키자니아에서 직업체험을 하고 돌아오던 딸이 울면서 들어왔다. 아파트가 쩌렁쩌렁하게 울릴 정도로 큰소리로 울면서 들어왔다. 분명히 남편이 보내준 사진 속에서 아이는 체험하면서 즐거운 모습이었다. 한창 놀고 있을 때 전화를 했더니 집에 가기 싫다고 이야기 할 정도로 신나게 놀고 있다고 이야기 들었다. 신나게 놀고 오는 차에서 잠이 들었다. 안고 집으로 데려오면 오는 길에 선잠 깰까봐 아이가 깰 때까지 신랑이 차에서 기다려 줬다. 신나게 놀고 낮잠도 충분히 자고 오는데 울면서 왔다. 눈물, 콧물 범벅으로 큰소리로 울면서 아빠한테 안겨서 들어왔다. 깜짝 놀라서 어떻게 된 일이냐고 물었다.

아이는 직업체험을 가서 주스 만들기 체험을 했다. 처음으로 오렌지를 직접 기계에 넣고 갈아서 주스를 만든 것이다. 거기에서 자기가 만든 주스 한 병을 선물로 받았다. 평소에 주스를 정말 좋아하는 아이라서 신랑이 바로 먹을 것인지 물어보았다. 먹고 싶었을 텐데 아이는 엄마에게 보여주고 집에 가서 먹는다고 했다고 한다. 집으로 돌아오는 차안에서도 주스를 소중히 안고 잠이 들었다고 한다. 아이가 잠이 깼는데도 아직 비몽사몽한 상태에서 아빠한테 안아달라고 했다. 아빠에게 안겨서 집으로 오는데 아이가 잠이 덜 깬 상태라서 그런지 들고 있던 주스 병을 손에서 놓쳤다. 병이 주차장 바닥에 떨어지면서 뚜껑이 열려서 다 쏟아진 것이다. 엄마에게 자랑하고 먹으려했던 주스가 바닥에 깔릴 정도로 조금밖에 남지 않았다. 그래서 주차장에서 집까지 올라오는 내내 울면서 아빠한테 안겨서 온 것이다.

좋아하던 주스도 안 먹고 꾹 참으면서 집에 있는 엄마에게 보여주고 자랑하고 먹으려고 했는데 다 쏟아 졌으니 얼마나 슬펐을까? 눈물, 콧물 범벅인 아이를 꼭 안아주었다. 안고 등을 어루만지며 "주스가 떨어져서 속상했어? 우리 딸이 엄마 보여주고 싶었는데 쏟아져서 슬펐구나."라고 감정이입을 해서 말했다. 그랬더니 금새 울음소리가 잦아들었다. 안고 달래주어 울음이 멈추고 난 뒤 쏟아지고 남은 주스에 빨대를 꽂아줬더니 잘 마셨다. 아이에게 "우와! 우리 딸이 직접 주스를 만들다니. 대단해! 직접 만들어서 더 맛있지?"라고 오버 하면서 이야기 했다. 딸은 다 마시고 나서 다시 기분이 좋아져서 쌩글쌩글 웃으며 아빠와 놀고 온 것을 나에게 이야기를 하기 시작했다.

아이가 울 때에 엄마가 꼭 안고 감정이입을 해주는 것만큼 특효약은 없는 것 같다. 특히 우리 딸은 한 번 울음이 터졌다하면 잘 그치지 않는다. 달래다 지쳐서 그냥 내버려 두면 심할 때에는 2시간동안 운적도 있다. 얼굴이 붉으락푸르

락 해지면서 머리카락을 쥐어뜯으며 토할 듯이 헛구역질을 하면서 운다. 그런데 내가 안고 토닥여 주면 금방 그치곤 한다. 내가 혼내서 울 때에도 이내 두 팔 벌리고 안아달라고 오는 경우가 대부분이다. 엄마 품에 안겨서 위로를 받고 싶은 것이 아닐까?

아이들은 아직 말을 잘 못하기 때문에 주로 울음으로 의사를 표현한다. 배고플 때, 기저귀가 축축할 때, 졸릴 때, 덥거나 추울 때 주로 운다. 가끔 이 모든 것을 해결해 주어도 이유 없이 울 때가 있다. 이럴 때 초보엄마인 나는 울고 있는 딸을 그냥 내버려 두기도 하고, 울고 있는 아이에게 빨리 울음을 그치라고 화를 내보기도 하고, 아이가 좋아하는 과자를 줄 테니 그만 울자고 이야기를 하기도 하고, 안고 토닥이며 감정을 읽어 줘보기도 했다. 그 중 안고 감정이입을 해주는 것이 가장 빨리 아이가 울음을 그치게 하는데 특효약 이었다. 감정을 읽어주는 따뜻한 엄마 품에서 위로 받는 것이다.

아들러에 의하면 상대에게 감정이입을 하지 못하는 경우 그 사람을 이해하는 것은 불가능하다고 한다. 우리는 가족을 가장 잘 알고 있다고 생각해서 감정이입을 하지 않는 경우가 대부분이다. 하지만 실제로는 가깝다고 생각하는 가족을 전혀 이해하지 못하고 있는 경우가 많다. 나 역시 내가 배 아파서 낳았고 가장 많은 시간을 보내는 내 아이는 내가 제일 잘 안다고 생각했다. 실제로 나는 아이를 잘 이해하고 있지 못하고 있었다. 이해를 하지 못하다 보니 아이의 행동에 쉽게 화내고, 짜증내고, 답답해했던 것이다. 아이의 감정에 이입을 해보니 아이를 이해하는데 좀 더 도움이 되었다. 아이가 울 때에도 다그치거나 화내지 않고 감정이입을 하면 더 빨리 아이도 울음을 멈추고 나도 아이가 무엇을 원하는지 빨리 알아차릴 수 있었다.

나도 슬프거나 화가 나는 일이 있을 때 남편이나 다른 가족들이 감정이입을 해서 공감해주면 큰 위로가 될 때가 있다. 그 어떤 좋은 말과 조언보다 감정이입을 실은 공감이 더 큰 힘이 될 때도 많다. 그만큼 감정이입은 큰 힘을 가졌다.

　감정이입을 하면서 적극적으로 아이를 이해하려고 노력하다 보면 엄마와 아이의 관계는 좀 더 결속력이 강화되고 가까워 질수 밖에 없다. 이런 노력이 반복되다 보면 엄마와 아이 사이의 애착은 자연스레 형성된다. 감정이입을 통한 애착으로 우리 아이는 건강하게 자라날 것이다. 그리고 우리 아이도 타인을 감정이입하고 공감해주는 따뜻한 성인으로 성장하게 될 것이다. 아이의 성장에 좋은 자양분이 되는 단단한 애착을 쌓기 위해서 아이의 입장에서 생각하는 감정이입을 습관화해야겠다.

모든 것이 불안정한 시기

내 남동생은 편식이 심한편이다. 야채는 잘 안 먹고 고기만 먹으려고 하고 짜게 먹는 식습관이 있다. 엄마는 고기만 먹으려고 하는 동생 식습관으로 걱정이 많다. 부모님 말씀에 따르면 동생의 식습관은 어렸을 때부터 시작되었다고 한다. 내 동생은 손이 귀한 집에서 아들로 태어났다. 2대 독자 외아들로 태어난 동생은 귀한 아들이었다. 특히 남아선호사상을 강하게 가지고 계시던 할머니에게는 더할 나위 없이 소중한 손자였다. 엄마가 동생을 임신했을 때 모두가 아들이길 바랬다. 병원에서는 딸이라고 이야기했다고 했다. 모두 실망을 했다. 당시에는 낙태가 흔했지만 아빠와 엄마는 그냥 딸 둘이라도 잘 키우자고 이야기 하셨다고 한다. 그런데 출산 당일 아이를 낳아보니 아들이었던 것이다. 아빠는 전화로 아들이라는 소식을 전했고 그 소식을 들은 할머니는 거실에서 덩실덩실 춤을 추셨다고 한다. 그만큼 귀한 아들이었던 것이다.

동생이 이유식 할 때에 엄마는 간을 하지 않고 이유식을 만들었다고 한다. 동생에게 먹이려고 하니 안 먹으려고 했다고 한다. 이유식을 처음 시작할 때 먹지 않으려고 하는 현상은 당연한 것이다. 젖병으로 우유만 먹다가 숟가락으로 다른 맛이 입으로 들어오니 얼마나 생소하겠는가? 그래서 뱉어내는 것은 당연한 것이다. 자꾸 뱉어내는 모습을 지켜보던 할머니가 이유식을 맛보더니 엄마에게 소금 간을 하라고 했다. 너 같으면 이걸 먹겠냐고, 이렇게 맛없는 것을 어떻게 아이에게 먹이냐고 말씀하셨다. 엄마는 이유식에 간을 하면 안 된다는 것을 알고 있었지만 할머니의 완강한 주장 때문에 할 수 없이 약하게 소금을 넣었다고 하다.

이유식 시기가 지나고 유아식 시기가 되었다. 동생은 잘 먹지 않고 도망을 다녔다고 했다. 도망 다니는 동생 뒤를 엄마와 할머니가 밥그릇을 들고 졸졸 졸 쫓아다니며 겨우 밥을 먹였다고 한다.

세 살 버릇 여든 간다는 말이 있다. 모든 것이 불완전한 영유아기에 형성된 식습관이 평생을 가는 것이다. 영유아기 때부터 짜게 먹고 편식했던 동생은 지금도 짜게 먹고 편식을 하는 습관이 있다. 같이 짜장면을 시켜먹으면 오이는 다 골라냈다. 그냥 좀 먹으라고 하면 오이 향 때문에 먹으면 토할 것 같다고 했다. 고기가 없으면 밥을 잘 먹지도 않는다. 짜게 먹는 습관도 예전보다는 덜 하지만 여전하다. 짠 음식의 대명사인 패스트푸드를 정말 좋아한다. 한 번은 동생이 끓인 라면을 먹었는데 도저히 먹을 수가 없었다. 물 양을 일부러 적게 잡아서 먹을 수 없을 정도 로 짠 맛이었다.

영유아 시기가 중요한 것은 식습관 뿐 만 아니다. 아동 학대와 방임이 어떻게 아이들에게 영향을 미치는지 내 눈으로 직접 봤었다. 나는 임신하기 전까지 대학 졸업 후 종합사회복지관에서 5년간 사회복지사로 일했다. 한 때 아동복지 분야 담당을 하게 되었다. 가정방문도 다니고 아이들 부모 상담도 했다. 그 중 초등학생 남자아이 한 명이 있었다. 반항적인 말투를 쓰긴 했지만 귀여운 외모에 공부도 잘 했었다. 그러던 어느 날 그 아이의 아버지가 복지관으로 전화를 하셨다. 아이가 그 전날 집에 들어오지 않았다고. 며칠 뒤 아이가 집에 돌아왔고 복지관 공부방에도 나왔다. 아이를 달래서 상담을 했다. 아빠에게 맞을까봐 무서워서 집에 들어가지 않고 아파트 구석진 곳에서 숨어서 잠을 잤다고 한다. 아이의 아빠는 공부에 집착을 심하게 하셔서 공부를 하지 않을 때 아이를 때렸다. 어린 동생과 싸웠을 때에도 형인 아이를 때렸다. 하루가 멀다 하고 때리면서 키웠다.

아이의 아버지를 복지관으로 모셔서 상담을 했다. 폭력의 문제에 대하여 조심스럽게 여쭤봤더니 때릴 만해서 때렸다고 한다. 아이를 때리는 것이 사랑의 표현이라고 생각하시는 것 같았다. 가정형편이 어려운데도 불구하고 아이가 머리가 좋아서 공부를 잘 하니 공부에 집착하시며 아이를 때렸다. 공부를 안 할 때 말을 안 듣는다고 아이를 때리는 것은 일상이었던 것이다. 아이의 장점에 언급했더니 아이의 장점에 대해서는 귓등으로도 안 들으셨다. 그래봤자 때릴 일투성이라고 말씀하셨다. 사태의 심각성을 느껴 회의를 하고 아이는 심리검사를 진행했다. 그 결과 아이는 놀이치료가 시급하고, 부모님은 부모심리상담과 부모교육이 필요했다. 아이의 아버지를 모셔서 아이의 놀이치료와 부모님의 상담과 교육을 권해드렸다. 그랬더니 자기는 필요 없다고 아이만 놀이치료를 해달라고 했다. 계속 설득해도 막무가내로 거부하셨다. 아이교육을 위해 부모가 아이를 때리는 것은 당연한 것이 아니냐는 말씀만 하셨다. 사랑을 체벌과 동일 시 하는 모습이 너무 안타까웠다. 결국 아이만 놀이치료를 시작하였다. 부모가 비협조적이라 치료의 효과도 크게 드러나지 않았었다.

또 다른 아이는 항상 빨지 않은 듯한 교복을 입고 다니고 비쩍 마른 체형에 중학생 남자아이였다. 아이의 아버지께 복지관에 오셔서 상담을 하자고 연락을 드려도 오시지 않아서 직접 가정방문을 나갔다. 아이의 아버지 역시 마른 체형에 생기가 없는 표정을 하고 계셨다. 아이의 아버지는 그 동네에서 꽤나 잘나갔던 사람이었다. 대기업 회계팀에 취직을 해서 부모님의 자랑거리이셨다고 했다. IMF가 터지면서 문제가 생겼다. 그 때 권고사직을 당하신 것이다. 그 뒤 막노동을 시작하셨다. 그런데 몸이 약해서 한 번 나가면 하루 일당을 약 사는데 다 써서 몇 번 하다가 말았다고 한다. 경비일은 동네 사람들이 잘나갔을 때 모습만 알고 있는데 경비일 하는 모습 보면 비웃을까봐 자존심이 상해서 못 하겠다고 하셨다. 소득이 복지관에서 매월 주는 몇 십만원 밖에 없어서 국민기초생활수급자 신청을 하자고 권유했다. 그것도 자존심이 상해서 못하겠다고 하셨다. 답답한 노릇이었다. 본인의 자존심 때문에 이것도 싫고, 저것도 싫다고 하셨다.

그러는 사이 아이는 쑥쑥 커야할 시기에 잘 먹지 못해서 또래에 비해 키도 너무 작고 몸집도 작았다. 집에 있던 세탁기도 고장이 나서 교복을 제때 못 빨아서 꾀죄죄한 옷을 입고 다니니 친구들도 냄새난다고 피한다고 했다. 그래서 아이는 자존감이 뚝 떨어져 있는 것 같다. 꿈에 대해 물어봐도 멍한 눈빛으로 모르겠다고 이야기했다. 어떤 일을 같이 해보자고 권해도 자기는 못한다고만 이야기 했다. 아버지가 자신의 자존심만 내세우며 아이를 방임하고 있을 때 아이는 신체적으로, 정신적으로 상처입고 있었던 것이다.

영유아기 뿐만 아니라 제 2의 급성장하는 시기인 사춘기역시 불안정한 시기이다. 이런 불안정한 시기에 부모의 역할이 중요하다. 환경에 따라서 아이는 긍정적으로 발달할 수도 있지만 반면 부정적으로 발달할 수도 있다.

앞서 이야기했던 내 동생은 요즘에는 그나마 고기를 먹을 때 버섯이나 양파를 함께 구워주면 쌈 채소와 함께 먹는다. 이러한 변화는 엄마의 끊임없는 노력 때문에 가능한 것이다. 고기만 먹고 자꾸 살이 찌는 모습이 걱정이 되어서 엄마가 어릴 때부터 채소를 먹이기 위해 끊임없이 노력하셨다. 잘게다져서 고기와 함께 뭉쳐서 동그랑땡을 만들기도 하고, 가지를 피자소스를 바르고 그 위에 모짜렐라 치즈를 얹어서 익혀내시기도 했다. 동생이 호박전도 안 먹으니 호박전을 도우로 활용해서 피자로 만들기도 하셨다. 동생이 지금 자취를 하고 있다. 자취하며 식습관이 무너져 건강에 적신호가 올까봐 물 대신 토마토를 갈아서 카레, 밑반찬 등을 살뜰히 만들어서 보내신다. 얼마 전 동생을 만났다. 엄마의 이런 노력과 더불어 운동을 시작해서 살이 많이 빠져 건강해 보이는 모습이었다. 부모가 만들어가는 환경에 따라서 이렇게 변화가 가능한 것이다.

요즘 우리 첫째는 동생에게 수유를 할 때나 재운다고 안고 있을 때 마다 쪼르르 달려와서 안아달라고 한다. 혼자 잘 놀고 있다가도 내가 동생만 안으면 쪼르르 달려와서 동생을 눕혀놓고 자기를 안아달라고 매달린다. 수유하고 있으면 등 뒤에 매달려있다. 재우느라 안고 토닥이며 서 있으면 안아달라고 다리를 잡고 늘어진다. 평소에는 괜찮은데 잠을 못자서 피곤할 때나 하루 종일 육아로 지친 밤에 첫째가 그렇게 행동하면 소리 지르고 싶은 마음이 목구멍까지 올라온다.

하지만 아직 세 돌도 안 된 어린 딸에게 지금 이 시기가 중요한 시기인 것을 알기에 화를 낼 수가 없다. 지금 신체적, 심리적인 부분이 급속도로 발달하고 있는 시기이기 때문이다. 화가 나서 감정이 주체가 되지 않을 때에는 먼저 심호흡해서 마음을 가라앉힌다. 마음이 조금 가라앉고 나면 동생을 눕힐 수 있는 상황일 때는 눕혀놓고 첫째 먼저 안아주고, 그렇지 못할 경우에는 동생 밥 먹이거나 재우고 난 뒤 꼭 안아주겠다고 약속한다. 이렇게 육아하다가 너무 지칠 때에는 주말에 아이들을 맡기고 잠깐 혼자 외출을 한다. 특별한 일을 하지 않고 혼자서 잠깐 바람만 쐬고 와도 기분이 좋다. 그리고 그렇게 하고 온 뒤에는 마음이 편안해지고 스트레스가 풀려서 아이들에게도 더 웃는 얼굴로 대할 수 있고, 나도 육아가 즐겁다.

자라나는 아이들은 환경에 의해서 크게 좌우가 된다. 아이들에게 따뜻한 사랑이 가득한 환경을 만들어 주는 것이 어떨까? 나도 우리 두 딸에게 비난과 화가 가득한 환경이 아닌 따뜻한 사랑이 가득한 환경을 제공해주기 위해 끊임없이 노력할 것이다. 이런 노력으로 우리 딸들도 사랑가득한 사람으로 성장하리라 믿는다.

평온한 마음

아이에게 밥을 먹이는데 안 먹고 조금 씹다가 뱉어낸다. 자꾸 뱉어내서 바닥에도 여기저기 음식이 떨어져있다. 뱉어낸 음식을 식탁위에 문지르며 장난을 친다. 겨우 조금 더 먹였다. "음식으로 장난 치는거 아니야. 저녁은 맛있게 먹자!"라고 나긋나긋한 목소리로 말했다. 웃으면서 떨어진 음식을 치웠다.

졸려보여서 낮잠을 재우려고 했다. 눈을 비비며 졸려 해서 침대에 눕혔다. 책을 읽어달라고 해서 읽어줬다. 한권, 두권, 세권, … 침대 위에 있던 열댓 권의 책을 다 읽어주었는데도 안 잔다. 이제 책을 다 읽었으니까 자고 일어나면 읽어준다고 이야기했다. 그리고 엄마가 토닥여 줄 테니 자자고 이야기 했다. 아이는 침대에서 신이 나서 뛰어다니더니 거실로 나가버렸다. 오늘은 놀고 싶어서 아이가 잠을 참는 것 같다. 그냥 오늘은 낮잠 재우기는 포기하고 아이와 신나게 놀아주기로 마음먹었다.

아이에게 밥을 먹이는데 안 먹고 조금 씹다가 뱉어낸다. 화가 난다. 억지로 겨우 먹이다가 결국 "자꾸 뱉을꺼면 먹지마! 넌 먹을 자격이 없어!"라고 소리를 질렀다. 소리를 지르고도 화가 가라앉지 않았다. "먹지마. 먹지마."라고 다시 소리 지르고 식판을 쿵 소리가 날 정도로 싱크대에다 확 던져 넣었다. 아이는 놀란 눈으로 나를 쳐다본다.

낮잠을 재우려는데 낮잠도 안 잔다. 분명히 졸려서 눈을 비비는데도 안자고 버틴다. 빨리 재워야 나도 쉴 텐데 안 자니 짜증이 밀려왔다. 억지로 힘으로 아이를 눕혔다. "제발 좀 자라 자! 눈 뜨고 자는 사람이 어디에 있어? 눈 감아! 빨리 눈 감으라고!"짜증이 한껏 뒤섞인 말투로 아이에게 쏘아댔다. 아이는 눈치를 보더니 억지로 눈 감고 있는 시늉을 했다. 눈 감으라고 30분쯤 협박을 한 뒤에 아이는 잠이 들었다.

두 상황 모두 나와 아이가 경험한 상황이다. 둘 다 비슷한 상황인데 나의 행동은 천차만별이었다. 첫 번째 상황은 나긋나긋한 교과서적인 엄마의 모습이고, 두 번째 상황은 헐크로 변한 엄마의 모습이다. 왜 비슷한 상황인데 나의 반응이 저렇게 달랐을까? 정답은 잠에 있었다.

잠을 푹 자고 일어난 날이면 컨디션이 무척 좋다. 아이가 밥을 뱉어내도, 잠을 버티면서 안 자고 버텨도 다 받아줄 수 있다. 밥을 뱉어내면 그냥 치우면 그만이고, 잠을 버티면 그냥 신나게 놀아주면 된다. 뱉어내는 행동에만 조용한 목소리로 그렇게 하면 안 된다고 설명해 주었다.

반면 집안일 하느라 늦게 잠들었거나 잠이 안 와서 밤새 잠을 설쳤을 때에는 그 다음 날 몸이 천근만근으로 무겁다. 한 숨자고 싶은데 아이를 돌봐야 되니 억지로 무거운 눈꺼풀을 뜨고 있어야 한다. 커피의 카페인 힘으로 억지로 버티고 버틴다. 잠을 제대로 못자서 피곤한데 아이가 조금이라도 심기를 건드리면 폭발한다. 평소에는 그냥 지나갈 사소한 일에도 기분이 좋지 않다. 아이가 조금이라도 눈에 거슬리게 행동하면 매섭게 쏘아대며 소리를 지른다. 나중에 분명히 후회할 것을 알면서도 아이에게 소리를 질러댄다.

수면시간 뿐만 아니라 내 컨디션이나 상황에 따라서도 내 행동은 극과 극으로 달리진다. 몸이 좀 안 좋을 때에는 하루 종일 짜증 섞인 태도로 아이를 대한다. 조금만 눈에 거슬리는 행동을 할 때엔 바로 짜증과 화가 난 말투로 쏘아댄다. 남편과 싸운 날에도 애꿎은 아이를 감정의 쓰레기통으로 사용할 때에도 있었다. 분명히 화가 난 감정의 뿌리는 남편과의 언쟁 내용이었는데 아이가 화풀이 대상이 된 것이다. 아이는 아무런 이유도 모른 채 엄마의 감정의 쓰레기통이 되어서 상처받고 있었던 것이다.

아이를 행복하게 양육할 수 있는 가장 중요한 것은 엄마의 행복이다. 엄마가 잠도 푹 자고, 아픈 곳 없이 컨디션도 좋고, 감정적으로도 평온할 때에 아이에게도 긍정적인 효과를 미친다. 그렇기에 좋은 엄마, 좋은 양육의 전제조건은 엄마의 행복이 되는 것이다.

학대와 훈육의 가장 큰 차이점이 무엇일까? 바로 엄마의 감정조절이다. 감정조절이 되어 나긋나긋하게 설명해주면 그것은 바로 훈육이다. 반면 엄마가 화를 주체하지 못하면 그것은 학대가 되어버린다.

뇌의 구조상 뇌간이라는 부분이 있다. 화가 나면 피가 뇌간으로까지 밖에 혈류를 보내지 못한다고 한다. 파충류에게 공격을 가했을 때 공격적이나 도망가는 행동을 보인다. 뇌간까지만 혈류가 갔을 때 사람도 이러한 행동을 한다. 그래서 뇌간을 파충류의 뇌라고 한다. 자녀양육 시 힘으로 아이를 제압하거나 회피하는 것은 파충류의 뇌가 되어 아이를 대한 것이다.

파충류의 뇌가 되지 않기 위해서는 엄마의 감정조절이 가장 중요하다. 잠깐 10~15분이라도 다른 방에 가서 혼자만의 시간을 가지며 마음을 가라앉히는 것이 가장 좋다. 하지만 나는 아직 아이들이 너무 어리기 때문에 혼자만의 시간을 가지기에는 안전상의 위험이 있다. 그럴 때 내가 하는 방법은 심호흡을 하는 것이다. 심호흡을 하면 뇌에 혈류를 보내서 이성을 되찾아 주는데 도움이 된다.

그리고 난 뒤 밑에 찾아온 1차적 감정을 알아차리는 것이 중요하다. 남편과 싸워서 생긴 원망, 서운함의 1차적 감정이 화와 짜증인 2차적 감정이 되어 아이에게 화를 퍼부어대거나 엉덩이를 팡팡 때리게 되는 것이다. 1차적인 감정을 먼저 알아차리고 내 안의 평온한 감정을 갖추는 것이 중요한 것이다.

평온한 마음이 무너져서 아이에게 체벌을 가하는 것은 더 큰 문제를 야기 시킨다. 모든 아이들은 100% 부모를 기쁘게 해줘야 한다는 마음을 가지고 태어난다. 부모가 화를 내고 체벌을 해도 다시 부모를 찾는 것이 바로 아이들이다. 그런데 아이를 체벌하는 것은 아이에게 '엄마, 아빠는 나를 사랑하지 않는다.'라는 메시지만 준다고 한다.

일례로 우리 부모님은 나에게 체벌을 하신 적이 없다. 혼이 나서 무릎 꿇고 손들고 벌을 설 때는 있었지만 그 흔한 손바닥을 때리는 것도 하지 않고 키우셨다. 사춘기 시절 TV를 보고 싶은데 동생 시험기간이라고 부모님이 보지 못하게 하셨다. 내가 거실에서 TV를 보면 동생도 보고 싶을 것이니 TV를 켜지 말라고 타이르셨다. 그런데 나는 사춘기 시절의 오기로 심하게 반항을 했다. 동생이 시험기간인 것과 내가 TV보는 것이 무슨 상관있냐고 소리를 꽥꽥 질러댔다. 그리고도 화가 안 풀려서 방문을 일부로 쾅 소리가 나게 닫고 들어갔다. 막무가내로 행동을 해서 그 날 아빠한테 딱 한 번 맞은 적이 있다. 그 때 나는 잘 못했다고 뉘우치기 보다는 나를 때렸다는 이유로 아빠를 원망하기만 했다. 체벌을 한다고 해서 '내가 잘 못했구나' 라는 메시지는 전달할 수 없다는 것이다.

나도 아이를 키우면서 엉덩이를 팡팡 때릴 때가 있었다. 엉덩이를 팡팡 때리면 아이를 혼내면 아이는 잘못을 뉘우치고 그 행동을 안 하는 것이 아니라 오히려 원망이 가득한 눈빛으로 나를 쳐다보며 운다. 훈육이라는 이름을 달고 체벌을 하면서 내 아이에게 '엄마는 나를 사랑하지 않아.'라는 메시지만 전해주고 있었던 것이다. 이렇게 비효과적인 체벌을 아이에게 할 필요가 있을까?

아이를 양육할 때에 가장 중요한 것은 엄마의 행복이다. 이 사실은 강조하고 또 강조하고 싶다. 행복을 위해서는 나 돌보기가 필요하다. 잠을 푹 자는 것, 내 컨디션을 관리하는 것, 외부상황에 의해 화가 났을 때 1차적인 감정을 알아차리고 평온한 마음을 유지하는 것이 모두 나 자신을 돌보는 것이다.

아이가 잘 때 밤늦도록 핸드폰으로 인터넷 서핑하면서 시간을 보내다가 잠 잘 시간을 놓쳐서 잠을 설칠 때가 많다. 아이들이 잘 때 나도 일찍 자면서 수면시간을 일정하게 유지하자. 바빠서 밥 먹을 시간도 없고 입맛 없다는 핑계로 밥은 거르고 과자나 아이스크림으로 끼니를 대충 해결할 때가 많다. 엄마인 내가 아프면 안 되니 내 건강을 위해서라도 하루 세끼 밥을 잘 챙겨먹어야겠다. 지금처럼 육아를 하는 중 틈틈이 꾸준한 독서와 글쓰기를 해야겠다. 독서와 글쓰기는 나 자신의 자존감을 향상시키고 평온한 마음을 유지할 수 있게 도와준다. 나는 강연을 가서 듣거나, 서점에서 새로 나온 책과 베스트셀러를 둘러보면서 책 냄새를 맡는 것을 좋아한다. 그리고 서점과 함께 있는 문구샵에서 독특하고 예쁜 디자인문구를 구경하는 것을 좋아한다. 가끔 남편에게 아이를 맡기고 나를 행복하게 해주는 강연을 들으러 가기도 하고, 내가 좋아하는 일 중 하나인 서점과 디자인 문구샵에 가기도 한다. 밖에서 혼자만의 시간을 보내고 오면 육아 스트레스가 풀리면서 아이에게 더욱더 밝게 대할 수 있다. 게다가 덤으로 아이와 아빠의 친밀감도 향상이 된다. 그리고 일상생활 속에서 짜증과 화가 생기지 않을 수는 없다. 짜증과 화가 올라올 때에는 그 감정의 뿌리인 1차 감정이 무엇인지 생각해보고 그 1차 감정을 해소할 수 있도록 해야겠다. 나 자신이 평온한 마음을 갖는 것이 육아의 기본이며, 이것이 바로 애착육아의 출발점이다. 자녀를 긍정적이고 밝은 행복한 아이로 키우고 싶다면 엄마가 먼저 행복하자.

양육의 본질은 애착육아

우리 첫째는 태어나자마자 잘 우는 아기였다. 산후조리원에 있을 때 산모들은 신생아실에서 쉴 새 없이 걸려오는 수유콜로 정신이 없다.

"산모님, 아기가 너무 우네요. 모자동실 데려가서 좀 안아주세요."

첫째를 출산했을 당시에 수유콜 뿐만 아니라 모자동실해서 안아주라는 콜까지 받았다. 신생아실에서 우리 딸은 '넘버원'이라는 별명까지 생겼다. 목소리가 제일 크고 잘 울어서 생긴 별명이다. 크게, 잘 울다보니 신생아실에 있는 다른 자고 있던 아기들까지 깨우기 일쑤였다. 안고 달래고 달래다가 결국 다른 아기들을 다 깨우니 나에게 전화가 온 것 이다. 신생아실에서는 아기가 너무 우니 엄마가 꼭 안아주고 엄마 방에서 자면 좀 괜찮을 것이라고 모자동실을 권했다.

산후조리원 기간이 끝난 뒤 친정으로 산후조리를 하러갔다. 아기가 젖을 잘 못 물어서 유축을 해서 그 모유를 중탕해서 먹이기 시작했다. 3시간 마다 한 번씩 유축 한 모유를 냉동실과 냉장실에 보관했다가 중탕을 해서 먹이면 된다. 끓는 물에 중탕을 하면 좋은 영양소가 파괴되기 때문에 미지근한 물로 중탕을 해야 한다. 그러다보니 중탕을 하는데 시간이 오래 걸렸다. 문제는 새벽이었다. 새벽에 밤중수유를 위해 모유를 중탕하고 있을 때에는 중탕이 다 돼서 먹을 때까지 악을 쓰며 울어댔다. 나는 발을 동동 구르며 모유를 중탕하고 엄마는 넘어갈 듯이 우는 아기를 안고 중탕이 다 될 때까지 어르고 달래고 있었다. 방에서 주무시던 아빠도 쩌렁쩌렁한 울음소리에 놀라서 나오시곤 했다.

우리 딸은 산후조리원에서 나와서 친정에서 몸조리를 할 때에도 여전히 하루 종일 안겨있으려고만 했다. 등이 바닥에 붙으면 귀신같이 알고 소리 지르며 울었다. 하루 종일 엄마, 아빠, 나 셋이서 교대로 아이를 안았다. 밥도 세 사람이 함께 식탁에서 먹은 적이 거의 없다. 안겨있지 않으면 쩌렁쩌렁한 목소리로 울어서 한 명은 아기를 안고 교대로 밥을 먹었다. 밤잠은 다행히 누워 자는 편이었지만 낮잠은 무조건 안겨 잤다. 낮에 아이가 잘 때 잠시 쉴 때에도 아이를 안고 소파에 기대어 앉아서 자는 것이 휴식의 전부였다.

안아주는 것도 옆으로 안아주거나 안고 소파에 앉아 있으면 울었다. 안고 걷거나 세워서 안아달라고 울었다. 안고 걸으니 팔 뿐만 아니라 다리도 아프고, 세워서 안아주다 보니 팔은 떨어져 나갈 것만 같았다.

친정에서 50일까지만 있으려고 했는데 하루 종일 안고 있을 수 없어서 하루, 이틀 더 있다 보니 100일이 되었다. 속마음은 친정에 아이 돌 때까지 있고 싶었다. 하지만 언제까지 친정에 있을 수도 없었다. 친정 부모님은 더 있어도 된다고 이야기 하셨지만 힘들어 하시는 모습이 눈에 보였다. 아빠는 아이를 하루 종일 안고 있느라 팔에 온통 파스를 붙이고 계셨고, 엄마는 피곤하셔서 입술이다 부르트셨다. 그래서 100일이 지나고 집에 가게 되었다.

이 때부터 혼자서 육아전쟁을 하게 되었다. 친정에 있을 때에는 집안일을 엄마가 거의 다 해주셨고 끼니 때마다 밥도 차려주셨다. 나는 그저 아기만 케어만 하면 되었다. 하지만 이제 육아, 살림 모두 내 몫이었다.

백일이 지나도 여전히 하루 종일 안겨 있으려고 해서 낮 시간동안은 대부분 아이를 안고 있었다. 유축과 수유로 배가 너무 고파서 밥을 먹으려고 잠깐만 내려놔도 난리가 났다. 배가 너무 고플 때까지 참고 참다가 아이를 아기띠로 안고 겨우 밥을 먹었다. 아기띠를 졸라매고 밥을 먹었더니 소화도 잘 안되었다. 하루에 겨우 한, 두 끼 밖에 먹지 못했다. 그마저도 아기띠로 안고 씽크대에 서서 국에 말아서 허겁지겁 마시듯이 먹는 것이 전부였다. 아기띠로 아기를 업고 설거지도 하고 청소도 하고 빨래도 널었다. 정말 하루 종일 대부분 시간은 아이와 살이 맞대여 있었다. 아기띠가 헤지고 늘어질 때까지 사용했다.

밤잠은 다행히 누워서 잤지만 자기 전까지 안고 집 안을 왔다갔다 걸어 다니며 자장가를 불러 주어야했다. 하루 종일 육아에 지쳐 나도 빨리 자고 싶은데 최소한 1시간씩 안고 걸어 다니며 자장가를 불러주어야 했다. 아빠가 안고 재워주려고 하면 구슬프게 울었다. 결국 밤마다 아기를 안고 거실을 서성이며 자장가를 부르는 것은 나의 일상이 되었다.

서울에 올라오자마자 출산 후 빠지지 않던 살들이 쑥쑥 빠졌다. 일주일에 1kg씩 빠지더니 임신 전보다 4kg이나 더 작게 나가게 되었다. 초등학생 때 이후로 항상 50kg이 넘었었는데 50kg이 되지 않았다. 임신 전에 헬스장도 열심히 다니고 개인 PT를 해도 몸무게가 50kg 아래로는 내려가지 않았다. 그런데 독박육아로 저절로 다이어트가 된 것이다. 지금은 '우리 딸이 날씬한 엄마가 좋아서 다이어트 시켜줬나 보다.'라고 우스갯소리로 이야기 하지만 그 당시에는 하루하루가 치열하고 힘들었다.

명절 때 시댁과 친정에 가면 어른들은 첫 아이라서 서로 안아보고 싶어 하셨다. 어른들이 아이를 안아주시면 나도 좀 편히 쉴 수 있을 것이라 생각했다. 시댁에 도착하자마자 어머님이 아이를 안아보고 싶어서 아이를 받아 안았다. 어머님이 안자마자 울었다. 안은 자세가 불편해서 그런지 알고 자세도 바꾸고 안고 걸어도 넘어갈 듯이 울었다. 결국 내가 다시 안았는데도 한 번 울음이 터진 아이는 계속해서 1시간 넘게 울다가 겨우 진정이 되었다. 친정에서도 마찬가지였다. 결국에는 명절에도 아기를 아기띠로 업고 밥을 먹을 수 밖에 없었다.

무조건 집안일은 최소한으로 하고, 웬만한 집안일은 뒤로 미뤘다. 첫째 딸이 기질적으로 예민한 편이라서 육아에만 집중했다. 안아주고, 안고 책도 읽어주고, 마사지 해주고, 간지럼 태우며 놀아주고, 사랑한다고 수시로 이야기 해주는 것이 나의 중요한 일과였다.

첫 돌쯤 되니 낯가림도 좀 덜하고, 분리불안도 많이 사라졌다. 잠깐 다른 어른들에게 아이를 맡겨놓고 샤워를 해도 될 정도가 되었다. 지금은 시댁과 친정에 가서도 잘 웃는 애교쟁이가 되어가고 있었다. 그런 모습을 보던 어머님이 며느리가 잘 키워서 아이가 밝아 보인다고 했다. 신랑도 엄마랑 애착이 잘 형성되어 있어서 엄마가 잠시 보이지 않더라도 믿고 기다리는 것 같다고 이야기 해줬다.

두 돌이 지난 지금은 엄마 껌딱지이던 모습은 점점 사라지고 있다. 아플 때에는 여전히 엄마인 나를 찾긴 하지만 내가 없어도 할아버지, 할머니랑 놀이터도 가고 동물원도 가고 마트도 간다. 심지어 "엄마 빠이빠이"하고 인사하고 갔다 오기도 한다. 예전의 예민했던 모습도 점점 사라져 가고 있다.

우리 딸처럼 약간 까다로운 기질의 아이들을 양육할 때는 아이의 마음을 충분히 이해해주고 감정을 나누는 것이 중요하다고 한다. 양육에는 타고난 기질도 중요하지만 그에 못지않게 부모가 제공하는 양육환경과 양육방식이 중요하다. 부모가 어떤 양육환경을 제공하느냐에 따라 아이의 성격은 얼마든지 달라질 수 있기 때문이다.

내가 가장 신경 쓴 것은 스킨십이었다. 처음에는 내려놓으면 울어서 자연스레 안고 있긴 했었다. 그냥 안고 있기도 했지만 안고 책을 읽어주기도 했다. 아이가 4~5개월 때부터 안고 책을 읽어주었다. 사실 아이와 하루 종일 있으면 아이랑 별로 할 이야기가 없다. 그저 일상적인 대화 밖에 할 이야기가 없다. 그래서 책을 이용했었다. 책에 있는 글자 그대로 읽어주기도 했지만 주로 책에 있는 그림을 보고 이야기 했다. "우와, 깡충깡충 토끼가 있네. 예쁜 분홍색 토끼구나. 우리 딸이 입고 있는 옷도 분홍색인데 토끼 색이랑 똑같네. 엄마랑 아빠랑 같이 공원 갔을 때 깡충깡충 토끼 봤었지? 토끼는 귀가 참 길다." 이런 식으로 그냥 이야기 해줬다. 그러다 보면 시간도 잘 가기도 했고 아기도 좋아했다.

틈틈이 눕혀놓고 마사지도 해줬다. 전문적인 베이비 마사지가 아니라 그냥 팔이랑 다리를 주물 주물 주물러줬다. 요즘에는 "마사지해 줄까?"라고 물어보면 자연스레 다리를 나에게 척 내민다. 쑥쑥 큰다고 성장통이 있는데 주물러주면 좋은가 보다.

그리고 우리 딸이 제일 좋아하는 간지럼 놀이도 매일 해줬다. 간질 간질 간지럼을 태우고 배에다 입을 대고 입김을 불어서 뿡하고 방귀소리가 나면 자지러지게 좋아한다. 웃는 모습이 귀엽고 예뻐서 수시로 해줬다. 지금도 이 간지럼놀이만 해주면 깔깔거리며 좋아한다.

처음에는 너무 울어서 스킨십을 해주기 시작했다. 그런데 이것이 자연스럽게 나와 딸 사이의 애착을 만들어 나가는 디딤돌이 되어주었다. 지금도 아침에 일어나면 꼭 안아주는 것으로 시작해서 수시로 마사지도 해주고, 안고 책도 읽어주고, 간지럼 놀이도 하고 있다. 이렇게 형성된 애착으로 인해서 첫째 딸은 밝고 건강하게 자라고 있다. 주변 사람들에게서 딸이 사랑을 많이 받고 자라서 밝은 것 같다는 이야기를 들을 때마다 흐뭇하다. 이제 막 100일이 지난 둘째에게도 사랑을 듬뿍 주는 애착육아로 양육해 나갈 것이다.

미·고·사 육아

첫째 딸이 태어난지 6개월쯤 되었을 때 잠든 딸 옆에서 스마트폰으로 이것 저것 검색을 하다가 어디선가에서 미·고·사 라는 것을 보게 되었다. 미안해, 고마워, 사랑해의 줄임말로 아이를 양육할 때 자주 사용하면 좋은 세 가지 말이라는 것이다. 이것을 보고 이 세 문장을 아이에게 많이 이야기 해줘야겠다는 생각이 들었다. 특히 사랑해라는 말은 아이가 잠에서 깼을 때와 잠들기 전에는 꼭 해주었고 일상생활 중에서도 중간 중간 많이 이야기 해줬다.

둘째가 태어나면서 점점 미·고·사가 미워죽겠어, 고집 좀 그만 부려, 사고 좀 치지마로 바뀌어가고 있었다. 산후조리원을 퇴소하고 친정으로 둘째를 데리고 왔다. 출산 전부터 태동이 없어서 입원을 하는 바람에 보름 가까이 엄마랑 떨어져있던 첫째는 내가 집으로 오니 정말 좋아했다. 하지만 신생아실 유리창 너머로만 보던 동생이 엄마랑 같이 집으로 오니 경계하는 모습이 역력했다. 엄마, 아빠, 할아버지, 할머니 모두에게 집중적으로 사랑과 관심을 받던 첫째였다. 더욱이 시댁과 친정에서 모두 첫째 아이라 사랑과 귀여움은 더 많이 받았었다. 그런데 어른들이 둘째에게도 관심을 보이니 사랑과 관심을 동생에게 빼앗겼다고 생각했었나보다.

말을 점점 알아들어서 설명하면 다 알아듣고 예쁜 행동만 하던 첫째였다. 둘째가 태어나니 점점 행동이 바뀌기 시작했다. 조용해서 가보면 화장대에서 선크림을 꺼내서 바닥에 쭉쭉 짜고 있었다. 낮잠 자고 있는 동생 옆에 가서 소리도 질렀다. 치약을 짜서 얼굴에 바르고 있기도 했다. 평소에 안 하던 이런 행동을 하니 "사고 좀 치지마" 라는 말을 입에 달고 살게 되었다. 게다가 가끔 고집을 부리긴 했지만 매일, 그것도 하루에 몇 번씩 하진 않았었다. 그런데 하루에도 몇 번씩 과자를 안 준다고, 저지레 하는 것을 못하게 했다고 바닥에 드러누워서 울고, 징징거리며 쫓아다녔다. 첫째에게 고집 좀 그만 부리라고 소리를 지르기도 했다. 이런 행동들은 빙산의 일각에 불과했다.

첫째가 동생을 질투해서 자기에게 관심을 돌리려고 이런 행동을 한다는 것을 알고 있었다. 웬만하면 둘째도 내가 아닌 할아버지, 할머니가 주로 안아줬다. 나는 첫째를 더 많이 안아주려고 했다. 둘째가 70여일 경까지는 젖을 물지 않아서 유축을 해서 수유를 했다. 수유 역시 친정엄마가 주로 해주셨다. 그런데 어느 날 갑자기 젖을 물기 시작해서 젖병을 거부했다. 그 때부터 직수를 시작하게 되었다. 동생에게 수유하는 엄마의 모습이 첫째에게는 충격적인 모습이었나 보다.

처음에는 동생이 엄마를 물고 있는지 알고 엄마 아프게 한다고 젖 먹는 동생을 때리려고 하기도 하고, 동생이 젖 먹는 모습을 물끄러미 쳐다보더니 갑자기 내 무릎을 콱 물어서 피가 나기도 했다. 대소변을 점점 잘 가려서 낮에는 기저귀를 아예 사용을 안 하고 외출할 때와 밤에도 점점 기저귀를 사용을 안 해도 될 것 같다고 하고 있었다. 그런데 직수를 하고 난 뒤 갑자기 낮에도 대소변을 못 가리기 시작했다. 팬티를 입고 소변을 봐서 바닥을 물바다로 만들기도 하고, 팬티를 입은 상태에서 대변을 봐서 똥 묻은 팬티를 매일 손빨래를 해야 했다. 어디에 대소변을 봐야 하는지 물어보면 변기에 하는 것이라고 말을 했다. 모르는 것도 아니고 할 줄 모르는 것도 아닌데 그런 행동을 하는 것이다. 말도 잘하는 아이가 그런 행동을 하니 더더욱 이해가 되지 않았다. 자연스레 내 입에서는 "미워죽겠어"라는 말이 흘러나왔다.

미워죽겠다는 이야기를 자주 들어서인지 아이는 대소변 가리기가 더 악화되었다. 팬티에 대변을 봐서 "응가는 어디에 해야 하는 거지?"라고 물었더니 시선을 회피하면서 "안냐쎄요."라고 딴 소리를 했다. 똥 묻은 엉덩이를 씻겨주면서 "진짜 미워죽겠어. 도대체 왜 그러는 거야?"라고 화를 냈더니 갑자기 "때찌!"라고 하면서 자기 머리를 주먹으로 쿵 치는 것이었다. 순간 머리가 멍해졌다. 그제야 첫째가 힘든 것을 온 몸으로 표현한다는 것을 알게 되었다.

태어날 때부터 예민했던 첫째 딸에 비해 둘째는 순한 아기였다. 첫째 딸은 거의 하루 종일 안겨 있었다. 둘째 딸은 안겨있는 것을 좋아하고 잠 올 때에는 안아달라고 보채기는 하지만 혼자서 모빌보고 팔다리 운동하며 누워있기도 했다. 배가 고프면 젖을 줄 때까지 넘어갈 듯이 울던 첫째에 비해, 둘째는 조금 낑낑대다가 줄 때까지 참고 있었다. 첫째는 직수에 실패해서 결국 9개월까지 유축을 해서 모유를 먹였는데, 둘째는 70일이 지나자 갑자기 젖을 물고 먹기 시작했다. 그러다보니 나도 모르는 사이 첫째와 둘째를 비교하고 있었다. 틈만 나면 둘째를 안고 "어떻게 이렇게 예쁜 짓만 골라서 할까? 아유 예뻐"라는 말을 첫째가 보는 앞에서 자주 했다.

첫째는 대변을 변기에 안 한다고 심하게 혼내 놓고, 뒤돌아서서 둘째의 기저귀를 갈면서 "우와, 우리 딸은 응가도 황금색이네! 응가도 예쁘다!"라는 이야기를 대수롭지 않게 하고 있었다. 첫째는 그 모습을 기저귀 갈아주는 것을 옆에서 보면서 다 듣고 있었다.

혼자 독차지하던 사랑을 동생이 생기면서 빼앗겼다고 생각해서 속상 할 텐데 엄마인 나는 그것을 헤아려 주지 않았다. 더욱이 동생만 예뻐하는 모습을 보이고 첫째에게는 매일 잔소리를 했고 화와 짜증이 가득한 목소리로 혼만 내고 있었다. 첫째도 아직 겨우 두 돌을 갓 넘은 아기일 뿐이다. 아기인데 첫째라는 이유로 어린이 취급하면서 혼내며 상처를 주고 있었던 것이다. 미안해, 고마워, 사랑해가 아닌 미워죽겠어, 고집 좀 그만 부려, 사고 좀 치지마 라는 말로 아이를 힘들게 하고 있었다.

첫째 딸이 자기 머리를 주먹으로 때리면서 "때찌!"라고 외치는 모습을 보면서 행동을 바꿔야겠다는 생각이 들었다. 팬티에 대소변을 하면 나도 모르게 욱하는 심정이 올라 왔다. 하지만 참고 참았다. 아직 초보 엄마라서 그런지 이런 상황에서 웃으면서 다정하게 이야기 해줄 수는 없었다. 하지만 화를 가라앉히고 "응가는 변기에서 하는 거야. 우리 딸 잘 할 수 있지?"라고 이야기 했다. 아이가 먼저 안아주기를 원할 때에는 안아주었다. 낮에 놀 때에 안아달라고 이야기 하지 않아도 몸 놀이 하면서 안아주고, 업어주기도 했다. 의식적으로 미안해, 고마워, 사랑해라고 이야기 하려고 노력을 했다.

나의 행동이 바뀐 뒤 하루에 팬티에 대여섯 번씩 실수를 하던 딸의 실수가 한두 번으로 줄어들었다. 스스로 팬티를 내리고 변기에 앉기도 해서 감동을 받았다. 30분 간격으로 사고를 쳐서 사고 좀 그만 치라는 잔소리를 달고 살던 사고뭉치 딸의 행동도 변했다. 어부바, 안아주기, 같이 손잡고 빙글빙글 돌면서 춤추기와 같은 몸 놀이를 해주었다. 무릎에 앉혀놓고 읽고 싶어 하는 책을 다 읽어주었다. 동생을 안고 있을 때 안아달라고 하면 둘째는 잠시 눕혀 놓고 안아주면서 사랑한다는 이야기를 해주었다. 그랬더니 30분마다 사고를 쳐서 스트레스를 받았었는데 그런 일이 거의 없어졌다. 사고치는 것 역시 엄마의 관심을 끌고 싶어서 하던 행동이었다. 같이 열심히 놀면서 스킨십을 해줬더니 더 이상 사고를 칠 이유가 없어진 것이다.

'미안해, 고마워, 사랑해'를 의식적으로 자주 사용했다. 내가 잘못해도 아이에게 미안하다는 이야기를 하지 않고 아이 탓으로 돌릴 때도 많았다. 내가 밥 먹여주다가 실수로 밥을 아이 옷에 떨어뜨렸을 때 미안하다고 하기보다 "그러게 입을 크게 벌렸어야지!"라고 아이 탓으로 돌릴 때도 있었다. 그런데 그런 상황이 생길 때에는 내 잘못을 인정하고 미안하다고 이야기 해줬다. 조금이라도 고마운 상황이 생기면 약간의 오버액션과 함께 '고맙다'라고 인사했고, 사랑해 라는 말은 수시로 해줬다. 그랬더니 아이도 그 말을 자주 사용하는 모습을 보였다.

책을 읽어주는데 책 내용이 토끼랑 돼지가 놀고 있는데 토끼가 공놀이를 하면서 찬 공을 돼지가 맞았다는 내용이 있었다. 그 그림을 보여주면서 책을 읽어주니 "미안해"라고 이야기 하는 것이다. 그 모습이 너무 예뻤다.

둘째가 태어난 뒤 둘을 키운다고 매일 매일 정신없이 흘러갔다. 그래서 잠자기 전, 자고 일어났을 때마다 해주었던 사랑해라는 말을 거의 못해 주었다. 최근에 의식적으로 사랑한다는 이야기를 많이 해주었다. 하루는 사랑해라고 이야기 해줬더니 딸도 나에게 손으로 하트를 그리며 "사랑해"라고 답을 해줘서 감동을 받았다.

하루는 좋아하던 과자를 먹다가 갑자기 반으로 뚝 잘라서 내 입에 쏙 넣어주었다. 고마워를 깜박 잊고 그냥 있었더니 갑자기 나에게 "고맙다!"라고 화를 내며 말했다. 고마워라는 이야기를 안 했다고 항의를 하는 것이었다. 그제야 "미안해. 엄마가 깜빡했네. 고마워."라고 이야기 했더니 기분 좋은 표정을 지었다. 아이에게 미·고·사가 가지는 힘을 다시 한 번 깨닫게 되는 순간이었다.

우리 부모님은 무뚝뚝한 경상도 분이시다. 나에 대한 사랑이 넘치는 것은 행동을 통해서 보여주셔서 잘 알고 있다. 하지만 무뚝뚝한 성격으로 인해 사랑해라는 말을 잘 못하신다. 나도 무뚝뚝한 성격이라 부모님께 편지로는 '사랑합니다'라는 말을 쓰긴 하지만 직접 말하기는 쑥쓰러워서 잘 하지 못한다. 처음에 아이에게 사랑해라는 이야기를 할 때에도 쑥스러웠다. 인터넷 용어로 손발이 오그라드는 심정이었다. 이 말도 계속 하다 보니 이제는 더 이상 쑥스럽지 않고 자연스럽게 느껴진다. 아이가 어렸을 때부터 이 이야기를 입에 달고 살지 않으면 나중에 성인이 된 아이에게는 이런 말을 쑥스럽고 어색해서 더 잘 하지 못하게 될 것 같다.

미안해, 고마워, 사랑해라는 짧은 이 세 문장이 아이와 엄마 사이를 돈독하게 해준다. 애착육아의 실천하는 가장 쉬운 방법이 바로 이 미·고·사 육아가 아닐까? 오늘도 두 딸에게 미·고·사 육아를 실천하면서 애정을 듬뿍 듬뿍 주는 하루를 보내야겠다.

언제나 자녀 편이 되어주기

나는 첫째 딸이 항상 기질적으로 까다롭다고 생각했다. 내가 첫째 딸을 까다롭다고 처음 생각하게 된 것은 아이를 출산하고 열흘 정도 지나서였다. 우리 딸의 이름을 지어주신 분은 신랑과 나를 맺어주신 시아버지의 지인분이셨다. 취미로 성명학을 공부하고 계셔서 아기에게 예쁜 이름을 지어달라고 부탁을 드렸다. 나중에 전해들은 바에 의하면 아이에게 좋은 이름을 지어주기 위해 3일 밤낮을 고민하셔서 탈모가 올 정도였다고 하셨다. 그 지인께서는 아이의 이름을 지을 때 사주팔자에 맞춰서 이름을 짓는다고 하셨다. 우리 딸이 태어난 생년월일시는 너무 좋다고 했다. 우리 딸은 여성리더가 될 사주팔자라는 것이다. 하지만 모든 일에는 장점만 있을 수 없는 법이다. 단점은 예민하고 까다로워서 부모가 양육하기에 힘든 아이라고 했다. 그분 개인적인 의견이지만 그 때부터 '내 아이는 예민하고 까다로운 성격이다.'라는 편견을 내 머릿속 깊숙이 넣어 둔 것이다.

우리 아이는 일명 등센서가 발달한 아이였다. 눕히기만 하면 귀신같이 알아차렸다. 눈을 뜨고 있을 때는 무조건 안겨서 놀려고 했다. 팔이 아파서 아이들이 잘 앉아 있는다는 바운서를 샀지만 바운서에 앉혀놔도 울었다. 낮잠을 안아서 재우고 난 뒤 눕히려고 자세를 잡는 순간 깨어난다. 안겨있으면 푹 자서 낮잠 자는 내내 안고 있어야만 했다. 밤잠이라도 누워서 자는 것에 감사해야 했다. 이 뿐만 아니라 낮가림이 심해서 그 누구에게도 가지 않았다. 심지어 아빠에게도 가지 않았다. 무조건 엄마, 엄마, 엄마였다. 엄마가 아닌 다른 사람이 안으면 몇 초도 안 되서 울음보가 터진다. 이렇게 하루 종일 안고 있어야 하고 낮가림이 심해서 엄마에게만 붙어있는 등 나를 힘들게 하는 상황에 부딪힐 때마다 내 아이는 까다로워서 그런 것이라고 단정 지어버렸다.

육아가 힘들어서 제 때 밥을 챙겨먹지 못해서 몸무게가 자꾸 자꾸 빠지더니 48kg이 되었다. 나는 초등학교 5학년 때부터 50kg 넘는 몸무게를 가졌었다. 결혼 전 살을 빼 보겠다고 아무리 식단을 조절하고 개인 PT까지 받아가며 헬스를 해도 그 이하로 내려가지 않았다. 그런데 육아를 시작한지 6개월 만에 48kg이 된 것이다. 이것도 아이가 까다로워서 살이 쑥 빠진 것이라 생각하며 아이 탓을 했다.

그러던 중 육아서에서 엄마란 자녀가 마지막으로 기댈 수 있는 보루이며, 세상 누가 뭐라고 하든, 어떤 조건에서든 '너는 내 사랑하는 자식이다'라고 생각할 수 있어야 한다는 것을 읽었다. 그렇게 자녀의 편이 되어 있는 그대로의 아이를 존중해 주어야 긍정적인 기운이 아이에게 전달 될 수 있다.

그래서 돌이켜 생각해보게 되었다. 등센서가 발달한 것, 심한 낮가림으로 엄마에게만 안겨있으려는 것 모두 그냥 그 시기의 발달 단계 인 것이다. 아이가 갓 태어났을 때는 너무 작아서 부러질 것만 같았다. 초보 엄마라서 목을 못 가누는 아기를 안는 것도 쉽지 않았다. 혹시나 아이를 떨어트릴까봐 온 몸에 긴장을 해서 아이를 안았더니 어깨와 등이 너무 아팠다. 몸조리를 핑계 삼아 100일까지는 친정 부모님이 아이를 안아주셨고 나는 가끔씩 안아주는 것이 전부였다. 한창 엄마와 신뢰감을 쌓아야 하는 시기에 엄마가 아닌 할아버지, 할머니가 안아주었으니 엄마와의 애착이 덜 형성되어서 계속 안겨 있으려고 한 것은 아닐까? 엄마와 덜 형성된 애착을 형성하려고 엄마에게 매달리는 아이를 예민해서 낯가림이 심하다고 단정 지은 것은 아닐까?

게다가 몸무게가 빠진 것도 사실은 내 문제였다. 남편은 새벽에 출근을 하고 밤늦게 들어온다. 그래서 평일에는 집에서 밥을 먹지 않는다. 나 혼자만 먹으면 되는 것이다. 혼자서 이것저것 차려먹는 것이 귀찮았다. 차려먹는 것도 귀찮지만 먹고 난 뒤 설거지 하는 건 더더욱 귀찮았다. 그래서 최소한의 설거지만 나올 수 있게 굶거나 대충 챙겨먹었다. 그렇지 않으면 간식으로 끼니를 때우거나 시켜먹기도 했다. 그런 불규칙한 식생활로 인해 살이 쭉쭉 빠졌던 것이다. 나의 게으름으로 내 몸 관리를 소홀히 한 것을 아이가 예민해서 살이 빠진 것이라고 핑계를 댄 것이다.

다시 우리아이를 있는 그대로 바라보기로 했다. 그랬더니 우리 아이는 예민하고 까다로운 아이가 아니라 순한 아이가 아닐까? 라는 생각이 들었다. 모유를 유축해서 먹이다가 내가 살이 너무 많이 빠지고 건강이 좋지 않아서 9개월에 끊게 되었다. 분유는 먹여본 적이 없고 모유와 맛이 달라서 거부할줄 알았는데 단 한차례의 거부반응도 없었다. 모유든 분유든 꿀꺽꿀꺽 잘 먹었다. 이유식을 시작했을 때에도 처음 접하는 숟가락과 모유와 다른 맛이 나는 음식이 입안으로 들어오니 헛바닥을 쏘옥 내밀었다. 몇 일지나자 이유식도 꿀떡꿀떡 잘 먹었다. 5ml, 20ml, 50ml 이렇게 한 번에 먹는 양이 늘더니 돌 무렵부터는 하루에 세 번, 한 끼에 160ml씩 먹었다. 이유식을 이렇게 잘 먹으니 돌이 지나자마자 분유를 끊는데도 순조로웠다. 돌이 지나자마자 간식으로 생우유를 줬는데 생우유 역시 잘 먹었다. 게다가 젖병에 대한 집착 없이 돌이 지나서 빨대컵에 우유를 부어줬더니 빨대컵을 두 손으로 잡고 잘 마셨다. 단 한차례의 거부반응이 없이 순조롭게 착착 따라와 줬던 것이다.

마지막으로 남은 것이 공갈젖꼭지와 이별하기였다. 더 어릴 때 보챌 때는 낮밤을 가리지 않고 공갈 젖꼭지를 사용했다. 자연스레 점점 잘 때만 사용하게 되어 공갈젖꼭지도 스스로 졸업할 수 있을 것이라 생각했다. 16개월이 훌쩍 지났는데 공갈젖꼭지에 대한 집착은 점점 심해져갔다. 자기 전에는 공갈젖꼭지가 있는 서랍을 가르키면서 달라고 했다. 자다가 공갈젖꼭지가 빠지면 울면서 깨서 다시 공갈젖꼭지를 찾아서 물고 잤다. 심지어 공갈젖꼭지를 물고 싶어서 잠이 오는 척 연기하기도 했다. 더 이상 이대로 두어서는 안 되겠다는 생각이 들었다. 과감하게 공갈젖꼭지와 이별을 시켜야겠다는 생각이 들었다.

공갈젖꼭지와 이별한 첫 날은 발버둥 치면서 울었다. 한 시간 넘게 울고, 발버둥 치고, 발버둥 치다가 침대모서리에 머리를 부딪혀 아파서 더 울었다. "엄마가 우리 아기가 미워서 공갈젖꼭지를 안 주는 것이 아니라, 우리 아기가 아플까봐 안 주는 거야. 엄마는 우리 아기를 사랑해."라고 끊임없이 이야기를 해주었다. 우는 아이에게 끊임없이 사랑한다고 이야기 해줬다. 첫 날은 한 시간 넘게 울다가 울다 지쳐 잠들었다. 울다 지쳐 자는 모습을 보니 안타까워서 나도 새벽 2시까지 잠을 못자고 뒤척였다.

둘째 날 낮잠시간이 되었다. 어김없이 졸리니 공갈젖꼭지가 있던 서랍에 손가락질을 하며 달라고 요구 했다. "공갈젖꼭지랑 빠이빠이 했지? 공갈젖꼭지 없어도 잘 수 있어."라고 이야기 하고 방으로 데리고 들어갔다. 입이 허전한지 조금 칭얼거리길래 "공갈젖꼭지 없어도 잘 수 있어. 엄마는 믿어. 사랑해."라고 격려해줬다. 이따금씩 힝~ 힝~하며 칭얼대긴 했지만 전 날 밤처럼 울지는 않았다. 그리고 30분 만에 잠들었다. 그 이후에는 더 이상 공갈젖꼭지를 찾지 않았다.

인터넷에 '공갈젖꼭지 떼는 법'이라고 검색해보니 보통 3~4일은 엄마도 아기도 잠을 거의 못자고 힘들다던데 우리아이는 하루도 되지 않아서 공갈젖꼭지와 이별을 한 것이다. 나도 3~4일은 힘들 것이라 각오하고 있었는데 너무 쉽게 공갈젖꼭지와 이별을 했다.

아이가 까다롭고 예민하다고 생각하는 것은 어쩌면 부모의 편견이 아닐까라는 생각이 든다. 내 관점을 바꾸니 극 예민하고 까칠하고 까다롭던 내 아이가 순한 아이였다는 생각이 들었다. 그냥 아이 있는 그대로의 모습을 지켜보았더니 내 아이는 순한 아이인 것이다. 아이에 대한 편견을 가지지 않고 그냥 내 아이를 있는 그대로 보는 것이 중요하다. 세상이 뭐라고 하든 엄마는 아이를 있는 그대로 보고 존중할 수 있어야 한다.

게다가 부모가 언제나 자녀편이 되어 어떤 행동을 고치려고 하지 않고 아이를 품고 다정한 눈길로 보게 되면 아이가 잘못된 행동을 했을 때 그 행동의 원인에 먼저 관심을 갖게 된다.

나 역시 잘못된 행동에만 초점을 맞춰놓고 아이를 혼낸 적이 많다. 한 번은 아이가 배고플 시간이 훌쩍 지났는데도 밥 먹다가 계속 울고 밥을 뱉는 행동을 했다. 아이가 좋아하는 음식이라서 열심히 만들었는데 징징거리면서 먹지도 않고 자꾸 뱉는 행동을 하니 화가 났다. 음식을 먹다가 뱉는 것은 나쁜 짓이라고 큰 소리로 혼을 냈다. 혼을 내니 서러워하면서 눈물을 뚝뚝 흘렸다. 그런데 아까부터 자꾸 이상한 냄새가 났다. 화장실에서 하수구 냄새가 올라오는 건줄 알았는데 화장실문을 닫아도 계속 냄새가 났다. 급히 밥 먹이다가 아이의 기저귀를 확인했다. 밥 먹다가 기저귀에 큰 일을 본 것이다. 그런데도 엄마는 해결해주지 않고 밥 안 먹는다고 혼만 내고 있었던 것이다. 화장실에 앉아서 밥 먹는 기분이었을 텐데 얼마나 불쾌했을까? 엉덩이를 씻겨주고 기저귀를 갈아주고 다시 밥을 먹이니 웃으면서 한 그릇을 뚝딱 깨끗이 먹는 것이다. 아이의 잘못된 행동에만 초점을 두어 혼내는 것이 얼마나 비효과적인지 깨닫게 되었다. 아이를 품고 다정한 눈길로 보면서 아이 행동의 원인에 관심을 기울이는 것이 중요하다.

우리 친정 엄마도 언제나 든든한 내 편이 되어주셨다. 32살인 나도 힘들고 지치면 언제나 내 편이 되어주시는 엄마와의 전화통화 한 통이면 힘을 얻곤 한다. 나도 아이가 세상에서 지치고 힘들다가도 엄마를 보면 위로 받을 수 있도록 언제나 아이 편이 되어주어야겠다. 엄마란 그 누가 뭐라고 하든 사랑하는 내 자식을 보호해주어야 하는 존재가 되어야 한다.

믿는 만큼 자라는 애착육아

우리 첫째 딸은 행동 발달이 느린 아이다.

나와 비슷한 시기에 아이를 출산한 친구들 아이들은 100일 무렵 뒤집기를 했다. 친구들의 SNS에 뒤집기 자랑하는 사진이 계속 올라왔다. 우리 딸보다 늦게 태어난 아이들도 뒤집기를 하는데 우리 딸은 뒤집을 생각이 전혀 없다. 답답해서 뒤집기 연습도 시키고 엎드려 놓고 목 가누는 연습도 시켰는데도 뒤집을 생각이 없다. 태어난지 120일이 훌쩍 넘었을 때 화장실을 다녀왔는데 바로 눕혀놨던 아이가 엎드려 있었다. 드디어 뒤집기를 성공한 것이다.

뒤집기를 하고 난 뒤 배밀이가 시작 되었다. 여기저기 배를 밀고 다녔다. 배밀이는 했지만 기지는 못했다. 빠른 아이들은 10개월경에 걷는다는데 우리 딸은 10개월이 되어서야 기어다니기 시작했다.

걷기는 더더욱 느렸다. 집에서 소파나 탁자를 잡고는 몇 걸음 걷는데 손을 떼고는 전혀 걷지 못했다. 돌이 지나도 마찬가지였다. 13개월, 14개월, 15개월, … 한 달, 한 달 지날 때 마다 마음이 조급해졌다. 양 쪽에서 신랑과 내가 손을 잡고 걷는 연습 시켜도 몇 걸음 걷는 듯 하다가 이내 풀썩 주저앉아버렸다. 아이의 몸무게도 점점 늘어나니 아기띠로 안고 다니는 것도 한계에 부딪혔다. 동네 언니들 아기는 잘 걷고, 심지어 뛰기까지 했는데 우리 딸은 늘 기어다니기만 했다. 점점 조급해져서 운동치료를 시켜야 하나라는 생각까지 들었다. 15개월을 훌쩍 넘어 16개월이 다 되었을 때 혼자서 스스로 3~4걸음을 걸었다. 그렇게 시작한 뒤 급속도로 걷기 실력이 향상되었다. 두 돌이 지난 지금은 그 때의 걱정이 무색할 만큼 잘 뛰어 다닌다.

우리 딸은 이도 참 늦게 났다. 4~6개월에 유치가 올라온다는데 우리 딸은 유치가 올라올 생각이 없었다. 어디선가 이가 돌이 지나도 안 올라오면 잇몸이 너무 단단해서 잇몸에 구멍을 뚫어야 한다는 소문을 듣고 우리 딸도 그렇게 해야 될까봐 겁을 먹고 있었다. 그나마 잇몸으로 이유식이든, 과자든 다 잘 먹었다. 잇몸으로 잘 먹어서 신랑과 나는 '잇몸미녀'라는 별명도 지어줬었다. 아이가 11개월이 되었을 때 유치가 나기 시작했다. 다른 아이들은 하나 올라오고, 시간이 지나고 하나가 올라온다고 했다. 우리 딸은 이가 한 번 나기 시작하니 동시에 다 올라왔다.

다른 친구들의 아기들과 끊임없이 비교하면서 우리 딸의 신체 발달이 늦을 때마다 조급했다. 아직 준비가 되지 않은 아이를 뒤집기 연습시키고 걷는 연습을 시키느라 아이를 힘들게 했다. 아직 할 준비가 되어있지 않아 자꾸 주저앉는 아이를 억지로 걷기 연습을 시켰다. 표준발달 사항을 인터넷으로 검색해가며 조금이라도 어긋나면 혼자 조급해 하고 불안해했다.

시기가 되니 다 하기 시작했다. 남들보다 걷기가 느렸지만 느린 만큼 걷기 시작한 후 넘어진 적이 없다. 혹시나 싶어서 구입해놨던 무릎보호대는 전혀 필요가 없었다. 걷기 시작한 아이들은 다리에 멍이 필수이고, 바르는 연고가 필수 상비약이다. 우리 딸은 늦게 걸었지만 걷기 시작하자마자 안정적으로 걸어서 멍도 없고 연고도 필요가 없었다.

돌이켜 생각해 보면 못 걸었던 것이 아니라 조심성이 많아서 자기가 잘 걸을 수 있겠다는 확신이 들 때까지 걷지 않았던 것이다. 조심성이 많아서 침대나 소파같이 높은 곳에 올라갔다가 내려올 때도 꼭 뒤로 내려온다. 뒤로 내려오면서 다리가 닿으면 내려오고 다리가 닿지 않으면 매달려서 내려달라고 요구 한다. 아이가 응가를 해서 뒤처리를 할 때에도 화장실에서 엉덩이를 씻기고 잠깐 수건을 가지러 갈 때가 있다. 그럴 때 넘어질 수도 있으니 그 자리에 가만히 서 있으라고 하면 가만히 서서 기다린다. 기다리라고 이야기해도 아이들은 호기심이 많아서 움직이기 마련인데 조심성이 많아서 가만히 서서 수건을 가져올 때까지 기다리고 있다.

아이를 믿고 기다려 줬었더라면 억지로 주저앉는 아이를 일으켜 세워가며 걸음마 연습을 시키지는 않았을 것이다. 아이를 믿고 기다려 줬었더라면 조심성이 많은 아이의 장점이 눈에 들어왔을 것이다.

이도 늦게 나긴 했지만 그 동안 잇몸으로 뭐든 잘 먹었다. 이가 있는 아이들보다 이유식은 더 많이, 더 잘 먹었다. 아이들은 이가 올라올 때 이앓이를 해서 평소보다 더 보챈다. 우리 딸은 이가 나기 시작하면서 동시에 한꺼번에 이가 올라와서 이앓이 시기도 다른 아기들에 비해 짧은 편이었다.

부모로서의 욕심, 조바심은 내려놓고 아기의 잠재력을 믿어주는 것이 중요하다. 믿어주겠다고 생각하면 아이의 장점이 더 많이 보인다. 표준발달에 조금 어긋난다고 조급해하고 불안해하는 태도는 아이의 개성을 꺾고, 싹을 꺾을 수도 있는 행동이다. 아이를 기다려 주고, 표준이 아니라도 개성을 긍정적인 마음으로 받아주는 것이 중요하다.

내 동생은 개성이 뚜렷한 아이였다. 남들과 생각하는 것이 달라서 다른 사람들 눈에는 4차원으로 보이곤 했다. 나도 친구들 동생과 다른 내 동생이 답답하게만 느껴졌다. 답답하다고 동생을 구박할 때도 많았다. 그런데 엄마는 한없이 동생을 믿어줬다. 무엇이든 할 수 있다고 무조건 믿어주셨다.

엄마의 믿음을 먹고 자란 내 동생은 지금 대학원에서 박사과정을 밟고 있다. 대학 학부는 멀티미디어 학과에 다녔는데 대학원은 전혀 다른 분야인 국어국문학과에 지원을 했다. 너무 황당했다. 이 때에도 나는 취직하기 힘드니까 도피성 대학원 진학 하는 것 아니냐며 구박을 했다. 그리고 분명히 대학원 시험에서 떨어질 것이라고 생각했다. 나의 생각과 달리 동생은 대학원 진학에 합격을 했다. 나중에 알게된 사실이었지만 동생은 고전문학에 관심이 많았었다고 한다. 관련 책도 많이 읽고 자기가 읽은 책의 내용을 자기 나름대로 정리해서 블로그에 올리고 있었다. 블로그 방문객도 꽤 많았다. 블로그를 본 한 대학 국어국문학과 교수가 자기가 책을 쓰는데 블로그를 참고해도 되겠냐는 전화가 왔었다고 한다. 나는 동생이 그 분야에서 나름 파워블로거 였던 것을 전혀 몰랐었다.

동생은 대학 때 멀티미디어학과에서 배웠던 내용과 고전문학을 접목시켜서 사람들이 고전문학을 좀 더 쉽고 재미있게 접근 할 수 있도록 컨텐츠를 만드는 일을 하고 싶다는 꿈이 있다. 웹툰 작가들과 협업해서 내용에 대한 자문도 해주고 있고, 관련 주제로 인터넷 방송도 시작했다. 나도 나날이 성장해 나가는 동생을 보면서 이제는 동생이 그 분야에서 본인이 원하는 꿈을 이뤄낼 것이라는 믿음이 생겼다.

만약에 엄마가 동생을 믿지 않고 지지해주지 않았다면 어떻게 되었을까? 대학원 진학할 때도 갑자기 왜 국어국문학과에 가냐고 몰아세우기만 했다면? 동생은 아마도 겨우 아무 회사나 취업해서 어쩔 수 없이 출근하고, 어쩔 수 없이 일을 하며 살고 있을 것이다. 꿈이라는 것은 전혀 없이 그냥 그저 하루하루를 보내고 있었을 것이다.

나 역시 아이 둘을 낳고 경력 단절 여성이 되었는데 갑자기 작가가 되겠다는 꿈을 꾼 것도 엄마 덕분이다. 엄마에게 책 쓰고 싶다고 이야기를 한 적이 있다. 대학에서 사회복지를 전공하고 사회복지사로 일을 하다가 임신을 해서 퇴직을 한 딸이 전혀 해보지 않았던 분야인 작가가 되겠다고, 책을 쓰겠다고 이야기 한다. 그런데도 엄마는 할 수 있다고 하셨다. 게다가 좋은 아이디어라고 힘까지 실어주셨다. 육아맘으로 사는 내 삶에 대해서 책을 쓰면 재미있을 것 같다고, 후배 엄마들에게 도움도 될 것 같다고 이야기 해 주셨다. 산후조리 하느라 친정에 있는 동안 글쓰기 강좌가 부산에서 개설되어 듣고 싶어서 엄마에게 말씀을 드렸다. 흔쾌히 그 시간동안 두 딸을 봐주겠으니 들으라고 지지해 주셨다. 심지어 강연이 있는 곳까지 차로 데려다 주시기까지 하셨다.

만약 엄마가 나를 믿어 주지 않으셨으면 어땠을까? 애 엄마가 아기나 키우지 글은 무슨 글이냐고 이야기 하셨으면 어땠을까? 글쓰기 강연을 듣기는커녕 글을 쓸 엄두도 못 냈을 것이다. 작가가 되고 싶다는 꿈도 접고, 매일 육아에 치여서 허덕이며 살고 있었을지도 모른다. 엄마가 믿어주었기에 과감히 새로운 도전도 하고 이렇게 글도 쓰고 있다.

이렇게 부모의 자녀에 대한 믿음은 중요한 것이다. 엄마가 내 동생을 믿어주어 내 동생은 스스로 고전문학 컨텐츠 제작이라는 새로운 분야에 길을 만들어나가며 나아가고 있다. 엄마가 나를 믿어주어 작가라는 새로운 꿈을 가지고 하루하루 글을 쓰는 삶을 살기 시작했다. 나도 엄마처럼 내 두 딸을 믿어주기로 했다. 엄마를 통해 부모는 그냥 그저 믿고 기다려 주기만 하면 되는 것이라는 것을 배웠다. 우리 아이들은 저마다의 발달속도에 맞춰 발달해 나간다. 부모는 그저 묵묵히 지켜보면서 믿고 맡겨주면 아이들은 스스로 책임지고 문제를 해결해 나가고 성장한다. 부모가 아이를 믿어 주어야 아이는 내적으로 자신감을 가지고 성장한다. 조급함과 불안감을 버리고 우리 딸들이 자기만의 잠재력과 개성을 발전시킬 수 있도록 믿어주어야겠다.

　신문에서 요즘 아이들은 꿈이 없어서 문제라는 이야기가 많이 나온다. 초등학생의 절반이상의 장래희망은 공무원이라고 한다. 왜 공무원이냐고 물으면 부모님이 공무원이 제일 좋다고 공무원을 하라고 이야기 했다고 한다. 복지관에서 근무하던 시절 봉사활동을 하러 온 중 · 고등학생들에게 꿈이 뭐냐고 물어본 적이 있다. 그 때 아이들은 대부분 잘 모르겠다고 이야기 하거나 그저 대학교에 가는 것이 꿈이라고 이야기했다. 한창 꿈을 꾸며 성장해나갈 시기에 꿈이 없다는 것이 안타까웠다. 나는 내 두 딸이 꿈을 가지고 성장해나가는 성인이 되길 바란다. 자녀가 스스로 꿈을 가지고 잘 성장하기 위해서는 부모의 자식에 대한 믿음만큼 좋은 것은 없다. 부모가 믿어주는 만큼 아이는 성장한다.

제3장
왜 애착육아 인가

성격을 형성하는 시기

　　나는 우리 딸이 까칠하고 예민하다고 생각했었다. 소위 말하는 엄마 껌딱지에 등센서가 발달해서 한시라도 내려놓을 수가 없었다. 게다가 아빠도 싫어하고 무조건 엄마에게 붙어 있으려 했다. 신랑에게 잠깐 맡기고 외출하는 것은 엄두도 못 내고, 잠깐 맡기고 샤워하는 것조차 힘들었다. 낯선 사람들이 많은 시댁이나 친정에 가면 항상 나에게 안겨있거나 업혀 있으려 했다. 9개월까지는 낮잠은 누워서 자려하지 않고 안겨서만 자려했다. 푹 잠이 든 것 같아 살짝 눕히면 바로 알아차리고 울었다. 밤잠도 안고 30분에서 1시간 정도 자장가를 불러주며 걸어 다녀야 겨우 잠이 들고, 완전히 잠든 뒤에 겨우 자리에 조심스레 눕혀놔야 했다. '우리 아이는 왜 이렇게 예민할까?'라는 생각에 한숨만 푹푹 내쉬었다. 한번은 육아스트레스가 극에 치달아서 '미쳐버릴 것 같다. 아이를 버려두고 도망가고 싶다.'라는 문자를 남편에게 보내기도 하고, 퇴근하는 남편에게 산후우울증 걸린 것 같다고 울면서 이야기하기도 했다.

도저히 이대로는 안 될 것 같은데 시댁과 친정이 모두 부산이라서 도움을 받을 수 없는 상황이었다. 돌파구를 찾은 것이 바로 육아서와 엄마들 온라인 카페였다. 엄마들 온라인 카페와 육아서에서 아이는 금방 커버리고, 나중에 크면 안아주는 것도 싫어하니 안아달라고 할 때 많이 안아주라고 했다. 또한 아이의 단점을 장점으로 봐주라는 조언도 많았다. 나중에 더 크면 안아주고 싶어도 못 안아준다는 생각에 이이를 안아주고, 또 안아주었다. 하지만 아이의 단점을 장점으로 보는 것은 쉽지가 않았다.

어느 날 책을 읽다가 '까칠하고 예민한 것은 그만큼 주위 반응에 민감하기에 세심하고 섬세하다는 장점이 있다'라는 대목을 읽었다. 그 때부터 아이의 단점을 장점으로 보는 것이 시작되었다.

나는 덜렁거리는 성격 탓에 물건을 어디에 뒀는지 모를 때도 많고, 잘 잃어버리기도 한다. 대학교에 다닐 때는 하도 핸드폰을 흘려놓고 다녀서 친구들이 많이 챙겨줬다. 물건도 어디에 뒀는지 몰라서 엄마께 매일 어디 있냐고 여쭤보다가 물건 간수를 잘 못한다고 혼난 적도 많다.

반면 내 딸은 세심하고 섬세해서 그럴 일은 없을 것 같다. 아직 많이 어린데도 주변 어른들이 '똑 부러진다.'라고 할 정도로 자기 물건을 잘 챙긴다. 책이며 장난감이며 다 펼쳐놓고 놀다가 다른 놀이를 시작할 때가 있다. "다 놀았으면 이제 정리하고 놀자."라고 이야기 하면 탁탁 제자리에 정리정돈을 해놓는다. 게다가 "엄마 꺼. 아빠 꺼."라고 이야기 하면서 엄마, 아빠 물건까지 챙겨주기도 한다.

고집불통이라고 생각했던 성격도 자세히 들여다보니 그 이면에 끈기와 근성의 승부욕이 있었다. 아이가 조금 크니 부엌 서랍을 다 열어서 안에 있는 물건을 꺼내기 시작했다. 부엌에는 칼과 같이 위험한 물건이 많아서 잠시 한 눈

판 사이에 아이가 다치기 쉽다. 안전잠금장치를 사서 위험한 물건이 있는 싱크대 하부장과 서랍에 달아놓았다. 서랍을 열고 물건을 꺼내야 되는데 안 열리니 아이가 처음에는 당황해했다. 한두 번 시도해보고 안 열리면 포기할 줄 알았다. 한 번 해보고 안 되니 울면서 다시 시도했다. 책을 보고 놀고 있길래 여는 것을 포기 하는지 알았다. 좀 놀더니 다시 와서 또 시도해보는 모습을 보였다. 몇 일째 포기를 모르고 시도하고 또 시도하는 모습을 보였다. 그 모습에 대단하다는 생각이 들 정도였다.

한 번은 집에 있는 영양제통을 높이 높이 쌓는 것에 재미를 붙인 적이 있다. 쌓다가 넘어지고 쌓다가 넘어 지는데도 계속 집중해서 쌓다가 원하는 만큼 쌓았다. 그제야 성취했다는 성취감에 기쁜 표정으로 웃었다.

나는 어떤 목표를 세우면 초반에만 의욕에 불타올랐다가 조금 힘들다 싶으면 그만 둔 적이 많다. 수능이 끝나고 대학에 입학하기 전에 나도 대학생 언니 오빠들처럼 알바를 하겠다고 의욕에 불타올랐다. 서빙 알바를 하기로 했다. 생애 처음으로 서빙 알바를 해봤는데 너무 힘들었다. 서빙 하는 음식들이 너무 무거웠다. 알바가 끝나고 집에 와서 다음날도 알바를 할 생각을 하니 너무 힘들 것 같았고, 다음날 출근이 너무 두려웠다. 바로 식당에 전화해서 알바를 더 이상 못하겠다고 연락하고 그만 두었다. 나의 이런 점은 딸의 근성과 끈기를 보고 배워야 할 것 같다.

아이들은 다른 성격과 다른 기질을 지닌 채 태어난다. 이것은 타고나는 것이라 완전히 바꾸기는 어렵다. 하지만 한 가지의 성격은 두 가지의 다른 이면이 있다. 우리 딸처럼 예민하다면 세심하고 섬세하며, 짜증을 잘 내는 이면에는 끈기와 근성의 승부욕이 있었다. 화를 잘 내는 아이는 열기와 에너지가 넘치는 것이고, 겁이 많은 아이는 신중하고 따뜻하며, 산만한 아이는 활동적이다. 그리고 자신감이 없는 아이는 겸손하고, 내성적인 아이는 깊은 통찰력이 있다는 장점이 있다고 한다.

엄마는 아이의 타고난 기질과 성격을 획일화 하며 바꾸려 하는 것이 아니라 기질을 인정하고 적절한 면에 주목해야 한다. '이건 나쁜 성격이니 고쳐', '그 성격은 바꿔'라고 아이에게 이야기 한다면 아이가 가진 고유의 개성을 처참히 밟는 것과 다름이 없다. 개성의 날개를 펼치기도 전에 꺾어버리는 것과 같다. 부모가 그런 행동을 하는 동안 우리아이의 자아존중감은 상처 받는다. 현명한 부모는 내 아이의 단점 이면의 적절한 면에 주목하여 그것을 발전시키는데 시간과 노력을 투자하는 것이다.

내 동생은 어릴 때 정말 산만했다. 한시도 가만있지 못하고, 공부할 때에도 산만해서 집중을 하지 못했다. 유치원을 다닐 때 소풍을 가면 짝꿍끼리 손을 잡고 선생님 뒤를 줄지어 따라간다. 내 동생은 산만해서 다른 곳으로 갈까봐 선생님 손을 잡고 따라가는 아이였다. 엄마는 단 한 번도 산만하다고 동생을 혼낸 적이 없다. 산만해서 한시도 가만있지 못하지만 늘 따뜻하게 보듬어 주셨다. 내가 동생보고 산만하다고 잔소리 할 때 엄마는 "창의력이 뛰어나서 그런 쪽일 하면 잘 할거야."라고 이야기 하며 용기를 북돋아주셨다. 엄마는 산만한 성격을 호기심이 왕성하고 넘치는 에너지로 새로운 것을 찾아낼 수 있을 것이라고 인정해주셨던 것이다. 그래서일까? 내 동생은 고전문학과 멀티미디어를 콜라보해서 새로운 것을 만들어 내는 것에 관심을 가지고 공부하고 있는 중이다. 대학원 지도 교수님께도 동생의 뛰어난 창의력은 이미 인정을 받고 있다.

엄마는 동생의 성격을 바꾸려고 하지 않았다. 남다른 성격이 남다른 능력이 될 수 있도록 잘 가꿔주신 것이다. 내 동생은 그 것을 바탕으로 창조성의 날개를 펼치고 있는 것이다. 엄마는 아이의 남다른 능력이 묻히지 않도록 도와주는 조력자가 되어야 하지 않을까?

나는 예민하고 고집불통인 딸의 성격을 어떻게 고쳐야 할지에만 관심이 있었다. 화내면서 혼을 내기도 하고 그런 성격을 어떻게 바꿔야 할지 인터넷도 찾아보기도 했다. 인터넷에서 아이가 고집부리며 울면 그냥 울게 놔두고 무시하면 점점 고집부리는 것이 줄어든다고 해서 똑같이 해보기도 했다. 우리 딸은 우는 것을 멈추지 않았다. 꼬박 1시간 30분을 계속 울었다. 달래주지 않으니 원망스러운 눈빛으로 나를 쳐다보며 발버둥치고 울다가 급기야 머리카락까지 쥐어뜯으며 울었다. 깜짝 놀라서 안고 토닥이니 겨우 진정이 되고 울음을 그쳤다. 안겨서도 한동안 서럽게 흐느꼈다.

나는 왜 이렇게 딸의 성격을 바꾸려고만 했을까? 그저 나 자신이 편하기 위해서였다. 순하고 말을 잘 들어서 키우기 편한 아이로 바꾸고 싶었던 것이다. 아이의 성격을 인정하지 못하고 내가 원하는 성격으로 만들고 싶어 했던 것이다. 나의 이런 행동은 아이의 섬세함과 세심함, 끈기와 승부근성으로 개성을 싹 틔우기도 전에 자르려고 했던 것이다.

아이의 단점 이면에 있는 장점에 집중을 하다 보니 한때는 나를 힘들게 하려고 태어난 것처럼 보였던 딸이 점점 더 예쁘게 보였다. 예쁘게 보이니 아이를 향해 더 많이 웃어주고 더 많이 안아주고 더 많이 사랑한다는 이야기도 해줄 수 있게 되었다. 아이에게도 나의 이런 긍정적인 변화와 마음가짐이 전달이 된 것 같다. 아이의 장점에 집중한 뒤부터 엄마 껌딱지에 울보였던 아기가 더 많이 웃고, 엄마와 떨어져 있어도 울지 않고 씩씩하게 있다가 외출했다가 돌아오면 얼른 달려와서 품에 쏙 안긴다. 동네 언니들이 '요즘 아이가 예전이랑 다르게 기분이 좋아 보인다'는 이야기도 해줬다. 여전히 육아는 힘들고 어렵긴 하지만 예전처럼 끔찍하고 도망치고 싶지는 않게 되었다.

어느 날 시어머니와 대화를 하다가 어머님께서 "예전에는 미린이가 엄마랑 한시도 안 떨어져 있으려하고 땡깡도 많이 부려서 며느리가 힘들었는데 오늘 보니 미린이가 많이 컸네."라고 이야기 하셨다. 나는 "그때에는 미린이가 엄마가 너무 좋아서 붙어있고 싶었나봐요. 그리고 땡깡이 아니고 자기주장이 강한 성격이라서 그런 것 같아요. 귀가 얇아서 이리저리 휩쓸리는 것보다 낫잖아요."라고 답했다. 나도 그렇게 대답하는 내 자신에게 놀랐다. 그렇게 대답을 하자 어머님께서는 점점 배테랑 엄마가 되어가는 것 같다며 좋아하셨다. 아이의 단점 이면의 장점에 집중을 하며 생긴 변화이다.

엄마는 아이의 타고난 성격을 바꾸려고 혼내는 사람이 아니라, 장점에 집중해서 예쁜 웃음근육을 키워주어야 한다. 이러한 육아태도는 아이가 자신의 단점이 아닌 장점에 집중하는 사람으로 성장하는데 도움이 되지 않을까? 게다가 이러한 육아태도는 아이의 자존감향상에도 큰 도움이 된다.

우리 아이들이 가진 능력과 창조성은 무궁무진하다. 오늘도 아이의 장점에 집중해서 아이가 개성의 날개를 활짝 펼칠 수 있도록 도와주자.

엄마의 한 마디가 삶을 결정한다

딸이 돌 무렵 때 일이다. 아이와 비슷한 월령의 동네 아기가 엄마의 손을 잡지 않고 한 걸음, 두 걸음 걷기 시작했다. 아직 내 딸은 걸을 생각이 전혀 없어 보이는데 다른 아기는 걷기 시작하니 신기하기도 하고 부러웠다. '내 딸은 왜 안 걷지?'라는 생각과 함께 조바심도 났다. "우와~ 진짜 잘 걷는다. 친구 좀 봐. 친구는 저렇게 잘 걷잖아. 기어다니는게 아니고 친구처럼 걸어 다니는 거야." 라고 비교를 하면서 아직 걸을 준비가 되지 않은 딸을 채근했다.

동네 언니의 딸은 내 딸에 비해 4개월가량 월령이 빨랐다. 게다가 언니 아기는 또래보다 신체발달이 빠른 편이라서 뭐든지 내 딸보다 월등히 앞섰다. 나도 모르게 항상 부러워하며 비교하곤 했다. 어느 날 언니 집에 놀러갔는데 아이가 노래에 맞춰 춤도 추고 노래도 제법 따라 부르는 것이다. 신기했다. "우와~ 노래를 부르네? 신기하다. 우리 미린이는 노래는커녕 춤도 못 추는데."라고 말했다. 우리 딸은 내가 그렇게 이야기 하는 것을 옆에서 다 듣고 있었다.

나는 나도 모르게 딸을 다른 아기들과 비교하는 말을 많이 하는 편이었다. 내 딸을 깎아내리고 다른 아기를 치켜세워줘야 겸손한 것이라고 생각하기도 했다. 그래서 내 딸을 깎아내리며 다른 아기를 칭찬해주는 말투를 많이 쓰곤 했다. 문제는 내 딸이 그런 상황 상황마다 다 옆에 있었다는 것이다. 아직 아기가 말을 잘 못하는 시기라고 생각해서 아무 생각 없이 툭툭 내뱉은 말이었다. 내가 그렇게 비교의 말을 던지는 동안 내 딸의 자아존중감은 상처를 입고 있었던 것이다.

부모의 말 한마디에 내면의 힘이 강한 긍정적이고 밝은 아이로 성장한다. 따라서 부모, 특히 주양육자인 엄마는 아이의 잠재력을 끌어내는 강력한 조력자가 되어야 하는 것이다. 또한 자기 안에 엄청난 능력이 있다는 자신감과 믿음 또한 부모의 말에 의해 크게 좌우된다. 이러한 자신감과 자신에 대한 믿음으로부터 자아존중감이 자라난다.

나는 내 딸의 자아존중감이 자라나기도 전에 싹둑 싹둑 잘라내는 행동을 하고 있었던 것이다. 이런 비교의 말을 할 때마다 아기가 안겨 있다가도 내려달라고 했다. 그 때는 그저 다른 장난감에 관심이 생겨서 내려달라고 하는 것으로 대수롭지 않게 생각했다. 돌이켜 생각해보니 아이가 자존심이 상해서 그렇게 한 것이 아닐까?

게다가 둘째가 태어난 뒤에도 비교를 많이 했다. 예민했던 첫째와 달리 둘째는 순한 아기였다. 혼자 눕혀놔도 모빌 보면서 제법 오래 팔 다리 운동하며 누워서 놀고 있다. 배가 고파도 조금 찡찡대다가 줄 때까지 기다린다. 조금만 안고 토닥거리면 금방 잠든다. 눈만 마주치면 입까지 크게 벌리며 예쁘게 웃는다. 첫째는 갓난아기였을 때 누워있었던 적이 거의 없었다. 무조건 안겨있거나 업고 있어야 했다. 배고프면 젖 줄 때까지 넘어갈 듯이 울었다. 안고 한 시간씩 걸어 다녀야 잠들었다. 너무 다른 아이들이어서 그런지 또 비교의 말을 던지고 있었다.

"우리 보은이 착하네. 언니야는 떼쓰면서 징징거리고 울고 있는데 울음소리도 안 내고 배고픈데 참고 있었어? 아이 예뻐라."

"동생은 저렇게 코 잘 자는데 미린이는 왜 안자니? 졸리면 참지 말고 동생처럼 저렇게 낮잠 좀 자!"

"우리 보은이는 하는 짓 마다 예쁘네. 아이 예뻐라."

"으이그, 보은이는 저렇게 얌전한데, 언니가 더 울보네."

이런 말을 수시로 했다. 첫째 딸의 자존감이 뚝뚝 떨어지고 있다는 사실도 모른 채.

게다가 첫째 딸에게는 "바보 같이 누가 팬티에 똥을 누래? 똥은 변기에 누는 거라 했지?"와 같은 말까지 서슴없이 해댔다.

그렇게 자꾸 비교를 했더니 첫째 딸은 자아존중감이 뚝뚝 떨어지는 것 같았다. 스스로 머리를 주먹으로 쿵 쥐어박으며 "때찌!"라고 하는 모습을 보였다. 동생과 자꾸 비교하니 동생을 더 질투하는 모습도 보였다. 하루는 낮잠을 자고 있다가 아이가 갑자기 "린이 엄마야! 보은이 엄마 아니야!"라고 화를 내는 것이다. 자고 있던 아이가 갑자기 화를 내서 쳐다봤다. 그런데 아이는 계속 자고 있었다. 잠꼬대를 한 것이다. 자면서 무의식 속에 있던 말이 잠꼬대로 툭 튀어나온 것이다.

나의 비교하는 버릇으로 아이는 자아존중감이 떨어진 것과 더불어 자기 내면에 부정적인 자기이미지를 심고 있는 것은 아닐까? 실패를 비난하고, 자꾸 비교를 해서 내 아이를 힘들게 하고 있지는 않았을까? 이런 일이 자꾸 반복 되니 나도 경각심을 가질 수 밖에 없었다.

주말에 막내는 잠깐 친정엄마께 맡겨놓고 첫째와 데이트를 했다. 둘이서 뮤지컬을 봤다. 아직 앉은 키가 작아서 의자에 앉혔더니 잘 안보여 했다. 그래서 내 무릎위에 앉혀서 볼 수 있게 했다. 뮤지컬 하는 내내 아이는 엉덩이 들썩이고 박수도 치면서 신나했다. 뮤지컬이 끝난 뒤 카페에 가서 아이는 딸기 주스, 나는 커피를 마셨다. 뮤지컬 본 이야기를 아이와 함께 하면서 시간을 보냈다. 아이랑 이동할 때에는 매일 승용차나 택시로 이동했는데 같이 손잡고 처음으로 첫째와 버스와 지하철도 타봤다. 마을버스를 타고서는 "아기 버스 탔다. 린이 아기 버스 탔다."라고 즐거워하며 계속 이야기 했다. 집에 도착해서 외할머니에게도 "아기 버스 탔다."라고 자랑하듯이 이야기 했다.

뮤지컬을 다녀 온 뒤 밥 먹고 잠시 쉬다가 놀이터에 가고 싶어 하는 딸을 데리고 나갔다. 둘째가 태어난 뒤 산후조리를 하느라 놀이터는 언제나 외할아버지와 함께였다. 첫째와 단 둘이서 놀이터에 나가는 것은 정말 오랜만이었다. 그동안 아이는 많이 자라있었다. 어려서 놀이터에서 탈 만한 놀이기구는 스프링이 달린 말 밖에 없었다. 그런데 이제 그 말은 시시해서 그런지 쳐다보지도 않았다. 미끄럼틀은 무서워하면서 전혀 타지 못했었는데 웃으면서 타고 내려왔다. 밧줄 잡고 기어오르기도 척척척 잘했다. 예전에는 엉덩이를 손으로 받쳐 주어야 겨우 올라갔는데 이제는 그렇게 하지 않아도 척척 올라갔다. 신기해서 "우와 우리 미린이 대단한데? 최고다!"라는 칭찬을 계속 했다. 딸은 기분이 무척 좋아보였다. 집에 돌아오는 길에 '아기 티라노'노래를 불러줬다. 아이는 노래에 맞춰 춤을 추면서 집으로 돌아왔다.

그렇게 아이를 많이 안아주고, 아이와 눈을 마주치고 이야기 하고, 아이에게 칭찬을 많이 해준 다음 날. 하루에 한 번이상은 꼭 팬티에 실수를 하던 아이가 단 한 번도 실수를 하지 않았다. 스스로 팬티를 내리고 아기 변기에 앉아서 볼 일을 보는 모습도 보였다. 대견하고 기특했다. "우와 우리 딸 스스로 팬티 내리고 쉬했어? 최고다."라고 이야기 해줬다. 아이는 의기양양한 모습을 하며 "응~ 린이가 했어"라고 대답했다.

칭찬은 아이의 잠재력을 끌어내는데 최고의 도구이다. 누구나 알고 있는 아인슈타인의 일화이다. 아인슈타인은 중학생 때까지 낙제생이었다. 하지만 그의 어머니는 그가 잠재력이 있다고 믿었다. 아이를 믿으며 항상 칭찬과 격려를 아끼지 않았다. 그러한 어머니가 있었기에 그는 20세기 최고의 물리학자가 된 것이다.

예전에 직장생활을 할 때에 동료 중에 칭찬을 받기 위해 열심히 일을 하는 동료가 있었다. 그 분은 상사에게도 칭찬을 해달라는 표현을 자주 했다. 그 분은 칭찬을 받기 위해 일을 하는 것처럼 보였다. 그 동료는 어렸을 때 부모님이 이혼을 하고 재혼을 하여 아빠와 새어머니 밑에서 자랐다고 한다. 아빠는 바빠서 자식에게 관심을 가질 여유가 없었고, 새어머니는 칭찬에 인색하셨다고 한다. 어렸을 때 충분히 칭찬을 받지 못해서 칭찬에 대한 욕구가 커졌다. 칭찬을 받기 위해서, 오로지 칭찬을 목적으로만 일을 하는 것이다. 동료의 모습을 보면서 칭찬을 많이 해주는 엄마가 되어야겠다고 생각했던 적이 있었다.

특히 결과보다 과정에 대하여 칭찬을 해 주는 것은 더욱이 중요하다.

한 번은 아이가 블록 높이 쌓기를 시도하다가 무너지자 짜증을 내고 있는 모습을 발견했다. 그래서 "미린이가 블록 쌓기가 잘 안 되서 짜증이 났어? 그래도 포기하지 않고 계속 노력하는 모습이 너무 예쁘네. 엄마가 시범을 보여줄게." 하면서 시범을 보여 주었다. 그리고 다시 아이가 쌓기에 성공했을 때 다시 폭풍칭찬을 해줬더니 성취감으로 행복하고 뿌듯한 표정을 지어보였다.

"예쁘다.", "착하다.", "똑똑해."와 같이 결과에만 대하여 칭찬하는 평가적 칭찬은 아이에게 자칫 부담을 줄 수 있다. 아이에게 칭찬을 할 때에는 평가적 칭찬 보다는 부드러운 어조로 아이가 한 행동을 구체적으로 칭찬하는 것이 약이 되는 칭찬이다. "미린이가 장난감 정리를 하고 있네. 엄마가 정리하는 것 도와줘서 고마워.", "미린이가 혼자서 신발 신어보려고 노력하는 구나. 노력하는 모습이 예쁘네." 이와 같이 아이가 열심히 하려고 노력하는 칭찬은 자아존중감이 높고 내면이 밝고 긍정적인 아이로 성장하는 밑거름이 될 것이다.

비교하는 말로 아이에게 부정적인 인식을 심어주기보다 구체적인 칭찬으로 아이에게 자신감과 독립심을 길러주고 동기를 부여해주는 부모가 되어야 되지 않을까? 내면의 자신에 대한 긍정적인 평가가 인생의 성공이나 행복을 결정하는데 가장 큰 영향을 미치기 때문이다.

희생과 봉사만이 전부가 아니다

첫째의 돌 무렵까지 나는 아이에게 모든 것을 다 투자했다. 내 일상 스케줄은 아이의 스케줄에 맞춰서 진행되었다. 아이가 깨어나는 시간이 내 기상시간이다. 더 자고 싶어도 아이가 일어나면 일어났다. 아이보다 일찍 일어나도 옆에 누워서 깰 때까지 스마트 폰으로 아이에게 필요한 물건을 살 것을 서칭 하면서 누워있었다. 아이 이유식을 먹인다. 아이가 음식을 씹는 동안 나도 허둥지둥 시리얼을 먹었다. 먹은 것을 설거지한 다음 아이가 원하는 것을 하면서 놀아준다. 아이가 출출해 보여서 모유를 데워서 먹였다. 나도 점심 먹어야 되는데 아이가 자꾸 안아달라고 한다. 업고 국에 말아서 마시듯이 밥을 먹었다. 아이 낮잠시간. 나도 아이를 안고 소파에 기대어 잔다. 잠이 안 올 때에는 인터넷으로 아이 물건을 쇼핑하거나 아이의 발달과정 관련 정보를 찾아본다. 자고 일어나서 허출해 하는 아이에게 간식을 챙겨준다. 한시도 엄마와 떨어져 있지 않으려는 아이를 업고 청소를 한다. 저녁 식사시간이 되었는데 아이가 많이 칭얼거린다. 나는 집에 있던 과자를 한 봉지 뜯어서 조금 먹고 식사는 거른다. 아이가 졸려한다. 안고 자장가 부르면서 재운다. 재우고 자리에 눕혔다. 나도 피곤이 몰려와서 같이 잔다. 이것이 아이를 키우는 나의 일과였다.

아이의 일과에만 오로지 맞추다 보니 씻지 않고 지나갈 때도 많았다. 어느 날 화장실에 갔다가 거울을 봤다. 푸석푸석한 피부, 떡진 머리, 멍한 눈빛, 목이 늘어난 티셔츠를 입고 있는 내가 거울 속에 비춰져있었다. 아이에게만 모든 것을 맞추다 보니 내 자신의 관리는 전혀 되고 있지 않았던 것이다.

자기관리가 안 되니 자신감도 뚝뚝 떨어지고 부정적인 감정만 내 안에 쌓여갔다. 아침마다 깨끗하게 씻고 갖춰진 옷을 입고 출근하는 남편이 부러웠다. 같이 아이를 만들었는데 남편의 일상에는 전혀 변화가 없어 보여서 화가 났다. 나는 기본적인 샤워도 마음대로 못하는데 남편은 출산 전후가 똑같아 보여서 괜히 심통이 났다.

남들은 시댁과 친정이 가까워서 육아를 도와준다는데 나는 멀어서 오로지 혼자서 독박육아를 한다는 사실도 슬펐다. 하루는 비염이 너무 심해서 계속 휴지로 닦다보니 코 양옆이 다 헐어 버렸다. 버티고 버티다가 차도가 보이지 않아서 병원에 가야했다. 아이를 봐줄 사람이 없어서 하는 수 없이 아이를 안고 갔다. 아이를 아기띠로 안은 채 이비인후과에서 진료를 봤다. 아기는 자기를 진료하는지 알고 진찰실에 들어가자마자 울음을 터뜨려서 나올 때까지 울었다. 우는 아이를 안고 진료를 보면서 '아, 내가 이렇게 살아야하나.'라는 생각이 들었다. 남들은 시댁과 친정이 가까워서 아기 봐주기도 한다는데 나는 병원진료도 마음대로 못 받고 이게 뭘까 라는 생각에 사로 잡혀서 우울했다.

임신 전까지 나는 꾸미는 것을 좋아했다. 쇼핑도 좋아했다. 특히 원피스를 좋아해서 원피스를 입고, 힐을 주로 신고 다녔다. 진하진 않지만 자연스럽게 화장도 매일 했다. 집 앞에 잠깐 나가도 가벼운 메이크업은 필수로 하고 다녔다. 아이를 낳고 난 뒤 내 옷은 쇼핑하지 않게 되고 내 옷을 쇼핑 할 시간에 아이 옷, 아이 장난감, 아이 책 같은 것만 검색하고 비교하고 사고 있었다. 나는 목 늘어난 티셔츠에 무릎이 나온 트레이닝복 바지를 입고, 세수도 안 한 꾀죄죄한 모습으로 매일 매일을 보냈다. 가끔 임신 전 사진을 보며 그 때를 그리워하는 것만이 내가 할 수 있는 유일한 일이었다.

아이가 커가는 모습을 보는 것은 정말 행복하다. 목도 못 가누던 아이가 목을 가누고, 뒤집고, 기고, 혼자서 앉아있고, 걷는 모습을 보면 경이롭기까지 하다. 거기에 일상 중에 나를 쳐다보면서 씽긋 씽긋 미소를 짓는 모습을 보면 정말 사랑스럽다. 엄마가 된 것을 후회한 적은 단 한순간도 없지만 나 자신을 잃어가는 것은 속상했다.

어떤 책에서 '아이를 잘 키우기 위해서는 엄마인 내가 먼저 행복해야 한다. 따라서 엄마는 나 자신을 돌보는 것이 우선시 되어야 한다.'라는 내용을 읽었다. 이것을 보면서 아이가 예쁘고 사랑스럽지만 키우면서 올라오는 우울감의 원인이 무엇인지 깨닫게 되었다. 나는 나 자신 돌보기는 뒷전이고 아이만 쳐다보고 있었던 것이다.

조금씩 변화하기 시작했다. 첫 시작은 아이보다 먼저 일어났을 때 옆에 앉아서 책을 읽는 것으로 시작했다. 아이 옆에서 책을 읽는 다는 것만으로 기분 좋게 하루를 시작할 수 있었다. 그냥 책만 읽고 지나가는 것이 아쉬워서 다 읽고 난 뒤 핸드폰으로 블로그에 책 서평을 포스팅 하기 시작했다. 책만 읽고 지나가는 것 보다 책 내용이 더 머릿속에 남아서 좋았다. 나와 같은 엄마들을 대상으로 자기계발을 하는 인터넷 카페에도 가입했다. 온라인으로 독서모임을 하는데도 참여했다. 그리고 아이를 데리고 오프라인 모임에도 참석했다. 오프라인 모임까지 참석해서 강연을 듣다 보니 내가 더 행복해지는 것을 느꼈다. 그리고 강연을 듣고 온 날에는 평소보다 아이에게 더 많은 애정표현을 하는 나 자신을 발견했다. 역시 엄마 자기 자신의 나 돌보기가 선행되어야 육아를 잘할 수 있다는 것을 온몸으로 느꼈다.

그 후 조금씩 기상시간을 앞 당겼다. 아이와 함께 8시나 9시쯤 일어났는데 조금씩 기상시간을 당겼다. 6시에 일어나서 샤워를 하고 스트레칭을 했다. 식탁에 앉아서 오늘 하루 스케줄을 짜고 난 뒤 책을 읽었다. 책을 읽고 블로그에 서평도 남겼다. 인터넷에 서평만 남기다가 독서노트도 작성하기 시작했다. 책을 읽고 독서노트에 다시 정리하고 또 다시 블로그에 서평을 남기니 책을 3번 읽는 효과가 있었다. 책을 읽고 나면 내용이 기억나지 않는 경우도 많았는데 더욱이 머릿속에 남았다. 영어공부도 다시 하기 시작했다. 하루에 간단한 문장 몇 개를 외우는 것인데 다시 영어를 공부한다는 것만으로도 즐거웠다.

아이나 내가 아프거나 컨디션이 좋지 않은 날을 제외하고는 매일 이렇게 일찍 일어나서 오로지 나 자신만을 위한 시간을 가지기 시작했다. 아이를 낳고 난 뒤 느끼던 우울감이 점점 사라지는 것을 느꼈다. 우울감이 사라지니 아이에게도 더 좋은 에너지를 줄 수 있었다. 아이를 바라보던 내 시각도 좀 더 여유로워짐을 느꼈다. 내가 우울 할 때는 조그만 일에도 아이에게 짜증을 내기 일쑤였다. 아이가 조금이라도 밥을 덜 먹으면 화를 내고 짜증을 냈다. 내 마음이 여유로워지자 덜 먹으면 화내지 않고 그냥 치웠다. 화내는 대신 '다음 끼니를 일찍 주면 되지' 라고 생각했다.

엄마인 내가 먼저 행복해야 내 아이도 행복한 아이로 키울 수 있다. 엄마인 내가 자기 자신을 관리하는 모습을 자식에게 보여준다면 자녀에게 좋은 롤모델이 될 수 있다. 가끔 나는 내 두 딸이 '엄마가 내 롤모델이야.'라고 이야기 하는 것을 상상해 본다. 얼마나 행복할까? 부모로써 들을 수 있는 최고의 찬사 아닐까?

처음에 아이를 낳고 키우면서 아이 때문에 그동안 쌓았던 경력도 포기하고 집에서 전업주부가 된 것에 한없이 슬펐다. 나도 남들처럼 열심히 공부도 하고, 자기계발 하면서 열심히 경력도 쌓아왔는데 아이를 봐줄 사람이 없어서 모든 것을 육아를 위해 포기했다는 생각이 머릿속을 스쳐지나갔다. 이렇게 아이만 키우다가 세월만 흘러가는 것이 아닐까? 경력단절 기간이 길어져서 재취업이 안 되면 어떻하지? 라는 생각에 괴로웠다. 퇴사 하지 말고 육아 휴직만 하고 회사에 복귀할 걸이라는 후회도 밀려왔다. 이런 생각 때문에 더 우울하고 자존감도 뚝뚝 떨어졌었던 것이다. 일상생활 속에서 조금씩 나만을 위한 시간을 가졌더니 내 자존감이 조금씩 올라가는 것 뿐만 아니라 새로운 목표도 생겼다. 그래서 평범한 주부, 평범한 육아맘인 내가 이렇게 책 쓰기에도 도전 하게 된 것이다.

내가 아이를 낳고 키우지 않았다면 이러한 도전은 하지 않았을 것이다. 아이를 낳고 키우지 않았다면 내가 일했던 사회복지 분야 외에 새로운 분야에 대하여 생각지도 못했을 것이다. 지금은 아이를 낳고 키우는 것이 내 인생의 긍정적인 터닝 포인트가 된 것 같아서 행복하다.

나만의 시간을 가지면서 한 가지 더 좋은 점도 있다. 아이와 아빠의 관계가 좋아진다는 것! 우리 딸은 아빠에게도 낯가림을 하는 아이였다. 돌 무렵부터 내 시간을 갖고 싶다고, 한 달에 딱 하루만 휴가를 달라고 남편에게 요구했다. 처음에는 당연히 안 된다고 반대했다. 일단 한번만 해보자고 하고 반나절을 혼자만의 시간을 보내고 돌아왔다. 처음 혼자서 육아를 해봐서 너무 힘들었다고 한다. 밥도 제대로 못 먹고 정신이 없었다고 한다. 하지만 혼자서 아이를 보다 보니 아이랑 좀 더 가까워진 것 같아서 기분이 좋다고 이야기 했다. 아이를 돌 보느라 점심도 먹는 둥 마는 둥했다고 이야기했다. 그러다 보니 내가 힘들다고 이야기 할 때에는 그냥 그런가 보다 했는데 혼자서 해보다 보니 내가 왜 그런 이야기를 했는지 이해가 된다고 했다.

그 이후 육아에 관심이 없던 남편이 변했다. 남편은 종종 나에게 나만의 시간을 줬다. 그럴 때 나는 친구를 만나서 맛있는 음식을 먹거나, 저자 강연회를 다니기 시작했다. 나는 외부에서 긍정적인 에너지를 받고 오니 육아스트레스 가 확 풀렸다. 남편은 아이를 혼자서 돌보면서 아이와 놀아주는 법을 스스로 터득했다. 아빠가 신나게 잘 놀아주니까 이제 아이는 아빠가 퇴근해 오는 시간 만 손꼽아 기다린다. 예전에는 아빠가 퇴근해 와도 별 반응이 없었다. 이제는 번호키 누르는 소리만 들리면 현관 앞으로 쪼르르 달려 나간다. 아이가 그렇게 반겨주니 남편도 행복해 한다.

아이를 키우는데 희생과 봉사만이 전부가 아니다. 희생과 봉사를 한다고 생 각하면 길고 긴 육아가 한없이 지칠 뿐이다. 엄마인 내가 먼저 행복해야 더 즐 겁게 육아를 할 수 있다. 나 자신의 행복을 먼저 돌보자.

무조건 붙어 있다고 해서
애착육아는 아니다

아이가 쉽게 임신이 될 줄 알았는데 쉽게 되지 않았다. 산부인과 진료를 받아가며 힘들게 임신을 했다. 내가 임신 전에 하던 일은 민간 사회복지관에서 후원을 담당하고 있었다. 담당업무가 후원이다 보니 후원처에서 후원물품을 복지관으로 옮기는 일도 자주 있었다. 임신하고 나서는 힘을 쓰는 일을 하면 안 되는데 옷과 쌀 같은 무거운 후원품을 이동 시키는 것이 쉽지 않았다. 물론 다른 직원들이 도와주긴 했지만 내 담당 업무라 마냥 넋 놓고 바라보고 있을 수만도 없었다. 남편과 이 문제에 대하여 상의를 했다. 힘들게 얻은 아이인데 아이가 잘못 될 까봐 걱정이 되었다. 출산 후에도 친정과 시댁이 모두 부산이라 아이를 돌봐줄 사람도 없으니 결국 회사를 그만 두기로 했다.

대학에서 4년 동안 사회복지학을 배우며 전공했고, 졸업 후 두 개의 복지관에서 5년 동안 차곡차곡 경력을 쌓아왔다. 이러한 공부와 경력은 뒤로한 채 전업맘이 되었다. 복지관을 그만두고 나니 시간이 많았다. 남편은 새벽에 출근해서 밤늦게 집에 온다. 그 외의 시간은 나 혼자 집에서 지내는 시간 이었다. 운동도 하고, 집안일도 했지만 시간이 많았다. 친구들은 다 회사에 갔을 시간이라서 친구를 만날 수도 없었다. 임신했으니 육아서나 읽어볼까? 라는 생각으로 남는 시간에 육아서를 조금씩 읽었다. 책을 읽다보니 최소 3년은 아이와 24시간 함께 있으면서 함께 살을 부비면서 육아를 하는 것이 좋다고 해서 나도 그렇게 해야겠다는 생각이 들었다. 복직은 3년 뒤에 다시 생각해야겠다고 마음먹었다.

어느덧 출산일이 다가오고 아이를 낳았다. 산후조리원에서 3주 동안 조리를 하고 난 뒤 아이의 100일까지는 친정에서 몸조리를 하기로 했다. 100일까지 밤낮도 없고 수시로 먹는 아기에게 맞춰서 정신없이 시간이 흘러갔다. 100일이 지나고 서울에 올라왔다. 혼자만의 독박육아가 시작된 것이다.

서울에 올라와서 두 달 정도는 정신이 없었다. 서울에 있는 집 환경에 적응도 해야 했다. 친정에서는 엄마가 계셔서 집안일에는 신경을 안 썼었는데 집안일도 해야 했다. 친정에서는 아이도 엄마, 아빠가 함께 봐주셨는데 온전히 나혼자서 아이를 케어하게 되었다. 남편은 회사가 너무 바빠서 새벽에 나가서 밤늦게 퇴근하기 일쑤였고, 주말에도 격주로 근무를 해야 했다. 남편이 바빠서육아에 남편의 도움을 기대할 수도 없었다.

그렇게 두 달이 지나고 나니 점점 육아도, 살림도 몸에 익어갔다. 하지만 여전히 밥도 제대로 못 챙겨먹고, 하루 종일 정신없이 바쁘게 흘러갔다. 처음에는 아기띠도 혼자서 못 해서 낑낑대면서 씨름했었는데 아기띠 매는 것은 옷을입는 것처럼 편하게 착용을 했다. 아이를 앞으로 안는 것뿐만 아니라 뒤로 업는 것도 능숙해 졌다. 아이를 목욕시키는 것도 몸에 익어서 쉬워졌다. 아이가 기분이 좋은 틈을 타서 후다닥 집안일을 하는 것도 가능해졌다.

점점 익숙해지니 정신이 다른 쪽으로 쏠리기 시작했다. 손은 아이에게 수유를 하고 있으면서 눈은 TV를 향해 있었다. 이유식을 먹일 때에도 아이가 씹는 동안 스마트폰을 보고 있었다. 몸은 아이와 놀아주면서 TV를 켜놓기도 했다. 아이를 아기띠로 안고 재우면서 손에는 스마트폰이 들려있었다. 애착육아를 한답시고 몸은 24시간 아이와 붙어있었지만 정신은 TV와 핸드폰에 온통 빼앗겨 있었다. 아이에게 집중해서 아이와 눈 맞춤을 하며 수유를 한 적이 언제인지 기억도 나지 않았다.

그러던 중 아이와 처음으로 문화센터 수업을 들으러 갔다. 아이가 일주일에 한 번 수업시간을 너무나 좋아했다. 처음에는 음악이 신나서 그런 줄 알았다. 그런데 집에 와서 똑같은 음악을 플레이 해줘도 별다른 반응이 없었다. 그러던 중 문화센터 수업시간 때만큼은 내가 아이에게 몰입해서 놀고 있다는 것을 깨닫게 되었다. 수업시간 때는 TV와 핸드폰이 아닌 아이의 눈을 마주치며 오롯이 아이에게만 집중해서 놀고 있는 내 모습을 발견하게 되었다.

아이들은 엄마가 대충 놀아주는 것인지 온전히 노는 것에만 집중해서 같이 노는 것인지 다 안다고 한다. 하루에 단 10분을 놀아주더라도 눈을 마주치고 놀아준다가 아닌 '함께 논다'는 생각으로 아이와 놀아야 한다. '함께 논다'는 생각으로 접근해야 집중해서 아이와 놀 수 있는 것이다.

애착육아를 한답시고 24시간 몸만 붙어 있는 나 보다 30분만이라도 오롯이 아기에게 집중해서 놀아주는 워킹맘의 아이가 정서적으로 더욱이 안정될 것이다.

하루 종일 아직 말도 못하는 아기와 둘이 있어서 남편이 아주 늦게 퇴근 하는 날에는 사람의 목소리 한 번 못들을 때가 많았다. 갑갑한 마음이 들었다. 게다가 아이와 대부분 시간을 집에만 있으니 세상이 어떻게 돌아가는지도 몰랐다. 사회에서 나만 점점 퇴보되고 소외 받는 느낌이 들었다. 그래서 TV를 틀어놓게 되었다.

결혼하고 아이를 낳기 전까지 케이블은 신청을 안 했기 때문에 집에 정규방송만 나왔다. TV라도 안보면 갑갑할 것 같다는 생각에 케이블을 신청했다. 매일 TV와 함께하는 날이 시작되었다. 리모컨은 내 몸의 일부가 된 듯 항상 함께였다. 드라마 몰아보기부터 토크쇼까지 하루 종일 TV를 끼고 살았다. 수유하면서도 TV를 보고, 이유식 먹이면서도 TV를 보고, 심지어 아기를 업고 재우면서도 TV를 보았다. 입은 자장가를 부르고 손은 아기를 토닥이면서 눈은 TV에 고정 되어있었다.

하루 종일 집에 TV를 틀어놨더니 돌도 안 된 아기가 멍하게 TV만 보고 있는 것을 발견했다. 그 모습을 보고 깜짝 놀라서 그 때부터 TV를 끄고 생활하기 시작했다. TV를 끄다보니 수유할 때 자연스레 아이의 눈을 보면서 수유하게 되었다. 열심히 꿀떡꿀떡 먹는 모습이 너무 예쁘고 사랑스러웠다. 열심히 먹다가 나랑 눈이 마주치니 빙긋이 웃었다. 그 모습을 보니 그 동안의 내 행동이 반성되었다. TV에만 눈이 고정되어 있어서 이렇게 예쁘고 사랑스러운 모습을 놓치고 있었다는 것을 알게 되었다.

그 후 아이와 놀아줄 때 스마트폰도 식탁위에 올려놓고 아이와 노는 것에만 집중했다. 엄마가 집중해서 놀아주니 아이의 표정은 밝았다. 엄마랑 하고 싶었던 놀이가 많았는지 장난감도 이것저것 끌고 왔다. 책을 읽어줄 때에도 무릎에 앉혀서 안고 읽어줬다. 그랬더니 책장에서 원하는 책을 가져와서 나에게 내밀고는 내 무릎위에 자연스럽게 턱 하니 앉기 시작했다.

그렇게 집중해서 놀아주고 책도 읽어주면서 이유 없이 징징거리는 모습도 많이 줄었다. 아이가 징징거리는 것이 어쩌면 엄마를 향한 자신에게 더 집중해 달라는 메시지는 아닐까?

요즘 둘째가 생기면서 온전히 놀아주는 시간이 줄었었다. 그래서인지 더 고집을 부리며 거실 바닥에 드러눕기도 하고, 하루 종일 소리 지르며 징징거리기도 했다. 이유 없이 울기도 하던 중 첫째와 단 둘이서 놀이터에 놀러갔다. 주로 외할아버지랑 놀이터에 갔었는데 엄마와 함께 가니 좋았나 보다. 할아버지와 어디에서 놀았는지 나에게 열심히 설명을 했다. "엄마랑 놀이터 왔다."라고 계속 이야기 하면서 좋아했다. 중간 중간에 "이제 집에 갈까?" 라고 물으면 더 논다고 해서 2시간을 놀이터에서 놀았다. 집에 돌아오는 길에 아이가 요즘 한창 빠져있는 '아기 티라노'노래를 불러줬다. 노래를 불러주니 춤을 추었다. 부끄럼이 많아서 집 외의 장소에서는 절대 춤을 추지 않는 아이인데 기분이 많이 좋았나 보다. 노래를 부르고, 춤을 추면서 신나게 집으로 돌아왔다. 보통 밤에 1시간~2시간은 책도 읽어주고 자장가도 불러주고 토닥여 주기도 하면서 힘들게, 힘들게 아이를 재웠다. 그 날은 30분도 안 되서 행복한 모습으로 아이가 잠에 빠져들었다.

그 후에도 아이와 단 둘이 데이트 하는 시간을 가졌었다. 아이가 뮤지컬을 좋아하는데 마침 친정 근처에서 뮤지컬 공연이 있었다. 둘째는 친정 엄마께 잠깐 맡겨놓고 둘이서 뮤지컬을 보러가기로 했다. 뮤지컬을 보는 내내 아이는 엉덩이를 들썩 거리며 즐거워했다. 돌아오는 길에 잠깐 둘이서 카페에 들러 아이는 주스, 나는 커피를 마시면서 이야기 하면서 놀았다. 아이는 뮤지컬 본 내용을 손짓, 발짓까지 하면서 표현했다. 그리고 난 뒤 아이와 버스를 탔다. 아이는 생애 처음으로 버스를 타게 되었다. 우리는 마을 버스를 타야 했다. 타기 전에 "저기 큰 버스는 엄마 버스고, 우리는 작은 아기 버스 탈거야."라고 설명해줬다. 버스를 타고 기분이 좋았는지 도착할 때까지 "아기 버스 탔어. 린이 아기 버스 탔어."라고 싱글벙글 거리며 이야기를 했다. 집에 와서 점심을 먹이고 난 뒤 식탁의자에서 내려 달래서 내려 주었다. 갑자기 거실 바닥에 눕길래 동생이 바닥에 누워있어서 그냥 옆에 같이 눕는 것이라 생각했다. 그런데 조용해서 보니 낮잠을 자고 있었다. 단 한 번도 낮잠을 스스로 잠든 적이 없었던 아이라 깜짝 놀랐다. 낮잠 재우기 위해 1~2시간 동안 책 읽어 주고 토닥이고, 심지어 눈 감으라고 협박까지 해서 겨우 재운다. 심지어 그렇게 노력했는데도 낮잠을 거르는 날도 많았다. 그런데 스스로 낮잠을 자다니! 그것도 행복한 모습으로 쿨쿨 잘 잔다. 엄마가 온전히 자기에게만 집중해서 시간을 보내줘서 행복했던 모양이다.

그렇게 놀이터에 단 둘이 가고, 뮤지컬 보면서 데이트를 한 뒤 아이는 동생을 질투하는 모습이 많이 줄었다. 소리 지르며 징징거리는 것도 줄었고, 고집을 부리는 것은 여전하지만 바닥에 드러누워서 발버둥 치면서 고집 부리지는 않는다.

오늘도 친정 엄마께 둘째를 잠깐 맡기고 첫째와 놀이터 데이트를 해야겠다. 산후조리 끝나고 서울에 올라가서도 주말에 간간히 남편에게 둘째를 맡기고 첫째와 함께 시간을 보내야겠다는 생각이 들었다. 그리고 둘째도 소외 받지 않도록 수유할 때 눈 마주치고, 옹알이도 무시하지 말고 답변을 잘해줘야겠다. 언니가 잘 때에는 꼭 안아주고 사랑한다고 이야기도 해줘야겠다. 오늘 하루도 두 아이와 눈을 마주치며 몸만 붙어 있는 애착육아가 아닌, 진정한 애착육아를 실천하고자 한다.

부모와의 애착이
사회성의 기본

우리 딸은 낯가림이 심했다. 낯선 장소에 가면 더욱이 엄마에게 꼭 붙어있었다. 낯가림이 한창 심할 때에는 시댁과 친정에서 계속 안겨 있으려고만 하고 조금이라도 떨어지면 울음바다가 되었다. 손녀를 기다렸던 양가어른들은 나에게 안겨있는 아이를 쳐다볼 수밖에 없었다. 나도 사실 시댁과 친정에 가면 어른들에게 아이를 맡기고 오랜만에 편하게 밥도 먹고, 잠깐 친구를 만나거나 볼 일을 보러 나가고 싶었다. 하지만 아이가 안 떨어져서 전혀 그렇게 할 수가 없었다. 시댁과 친정에서도 아기띠로 업고 밥 먹거나 아이를 안고 있으면 남편이 밥을 떠서 입에 넣어주었다. 평소에도 아이는 아빠에게도 낯가림을 하는 편이었다. 시댁과 친정은 아기에게는 낯선 장소라 그런지 아빠에게도 더더욱 안 가려고 했다. 무조건 엄마, 엄마, 엄마였다. 시댁과 친정에 가면 밥도 편하게 먹고, 샤워도 마음 편하게 할 줄 알았는데 전혀 그렇지가 않았다. 하루 종일 낯선 환경에서 칭얼대는 아기를 달래서 재우고 난 뒤에야 겨우 샤워를 했다. 샤워 중에 아이가 깰까봐 후다닥 할 수밖에 없었다.

아이가 조금 크고 나니 시댁과 친정에 가면 처음 한두 시간은 꼼짝없이 나에게 안겨서 분위기 파악 하는 듯 했다. 분위기에 적응이 되면 그 때부터 내 품에서 내려와서 놀기 시작했다. 그나마 밥은 아기를 안지 않고도 먹을 수 있었다. 하지만 신나게 놀다가도 내가 보이지 않으면 울면서 찾기 시작했다.

키즈카페에 가서도 마찬가지였다. 집에는 장난감이 거의 없는데 키즈카페에는 형형색색의 다양한 장난감이 있어서 잘 놀 줄 알았다. 옆에서 내가 같이 놀아주기를 원했고, 잠깐 차를 마신다고 자리에 앉아 있으면 놀다가도 엄마를 부르며 있는지 확인했다. 또 조금 놀다가 자리로 돌아와서 있는지 확인하는 모습을 계속 반복했다.

그리고 낯선 사람들을 무서워했다. 엘리베이터를 탔는데 모르는 사람들이 타면 내 바짓가랑이를 잡고 뒤로 슬금슬금 숨어버렸다. 바짓가랑이 뒤에 숨어서 경계의 눈빛으로 모르는 사람들을 관찰하고 있었다. 혹시나 모르는 사람이 예쁘다며 아는 척을 하면 울음을 터트려서 난감한 상황을 만들기도 했다. 그분들은 아이가 예뻐서 좋은 마음에 칭찬을 해줬는데 아이가 너무 크게 울어서 민망한 적이 한 두 번이 아니었다.

우리 아이가 두 돌이 채 되지 않았을 때 친척 결혼식을 간 적이 있다. 사람이 너무나 많고, 모르는 사람이 많아서 내 딸은 여전히 내 손을 꼭 붙잡고 있었다. 그 모습을 본 집안 어른께서 어린이집을 안보내서 그렇다고 하셨다. 어린이집을 다니면 친구들도 사귀면서 사회성이 길러져서 다른 사람이랑 잘 어울린다고 이야기 하셨다. 엄마와 단 둘이만 있으니 사회성이 안 길러져서 낯가림이 심하다고 하셨다. 그 분의 손자는 우리 딸과 비슷한 시기에 태어났다. 덧붙여서 그 아기는 어린이집을 다녀서 할머니, 할아버지에게도 잘 간다고 하셨다. 게다가 어린이집에 다니면서 이것, 저것 배우는 것도 많아서 아는 것도 많다고 하셨다. 그러니 어린이집을 보내는 것이 좋다는 조언까지 하셨다.

그 때에는 정말 어린이집을 보내지 않아서 낯가림도 심하고 다른 사람들과 쉽게 어울리지 못 하는걸까? 라는 고민을 잠깐 했었던 적이 있다. 다시 양육서적을 뒤적였다. 하지만 나는 생후 3년까지는 엄마와의 애착형성에 주목적을 두고 아이를 양육하겠다고 결심했다. 사회성의 기본은 엄마와의 애착이기 때문에 29개월인 지금도 여전히 어린이집을 보내지 않고 있다. 어린이집을 보내지 않는 대신 틈틈이 많이 안아주고 간지럼놀이도 한다. 한참 놀다가 아이가 선택한 책을 무릎에 앉혀서 읽어주기도 하고 신나는 동요를 틀어놓고 같이 댄스타임을 벌이기도 한다. 사랑한다고 중간 중간에 말해주고 뽀뽀도 해준다. 이제는 딸이 먼저 입을 쭈욱 내밀고 뽀뽀해달라고 다가오는데 그 모습이 무척 귀엽다. 눈을 마주치며 아이랑 같이 집안 물건을 이용해서 놀아주기도 했다. 패트병에 콩알 몇 개 넣고 흔들면서 놀기도 하고, 풍선에 바람을 넣었다 뺐다 하면서 놀기도 했다. 엄마표 촉감놀이라는 이름을 붙이고 미역을 물에 불려서 가지고 놀고, 유통기한이 지난 파스타 면을 부러뜨리거나 만지면서 놀고, 풍선 안에 콩, 쌀을 넣어서 만지면서 놀기도 하고, 음식을 하고 남은 곤약이나 두부를 만지면서 같이 놀았다. 자기 전에는 책을 읽어주면서 그날 있었던 일을 두런두런 이야기를 해주기도 했다. 말을 잘 못할 때에는 그냥 듣고만 있었는데 말을 시작하면서 대화를 하기 시작했다. 일상 속에서의 평범한 스킨십, 소통, 놀이로 점점 아이와 내 사이에는 끈끈한 유대감이 생기기 시작했다.

요즘에 아이를 데리고 놀이터에 가면 부쩍 사회성이 발달한 아이의 모습에 놀라곤 한다. 예전에는 또래 친구들이 놀이터에서 놀고 있어도 멀리서 지켜보기만 하고 다가가지 못했다. 혹시 먼저 가까이 다가오면 슬금슬금 피하기도 했다. 그런데 요즘에는 먼저 "안녕?"이라고 손을 흔들면서 인사를 하기도 했다. 어제는 심지어 산책 나온 강아지에게도 "안녕? 아이 귀여워."라고 이야기 하면서 따라가기도 했다. 예전에는 멀리서 지켜보며 "멍멍~"이라고 말만하고 강아지가 다가오면 도망가거나 울면서 안아달라고 했는데 많이 달라졌다. 게다가 요즘에는 친정 부모님께 잠깐 아기를 맡기고 병원을 가거나 친구를 만나는 것도 가능해졌다. 내가 없으면 온 집안을 샅샅이 뒤지며 엄마를 찾았는데 잠시 외출을 해도 할머니, 할아버지와 신나게 놀고 있다. 내가 함께 가지 않으면 친정 부모님이나 시부모님과 외출을 절대 하지 않던 아이였다. 이제 내가 가지 않더라도 할아버지, 할머니랑 놀이터도 가고 마트도 갔다 오곤 한다.

주위에서 엄마와 단 둘이 지내서 사회성이 떨어진다던 우리 아이는 커가면서 점점 사회성이 발달되고 있는 모습을 보여주고 있다. 아이와 함께 있고 안아주고 뽀뽀해주고 같이 눈 마주치며 놀면서 엄마와의 관계에서 애착을 형성해왔다. 그 애착을 바탕으로 다른 사람에 대한 신뢰감이 형성 된 것은 아닐까?

생후 3년까지 사회성의 기본은 주양육자와의 애착이다. 주양육자와 긍정적으로 맺어진 애착을 바탕으로 신뢰감이 형성 된다. 이 신뢰감이 사회성의 기본이다. 신뢰감을 바탕으로 아이는 '세상은 믿을 만한 곳'으로 생각을 한다. 세상은 믿을 만한 곳이기에 아이는 주양육자 외에 다른 사람들과의 관계 맺기를 시작한다. 이것이 바로 사회성이다.

나는 어렸을 때 5살이 되어서야 유치원을 다녔다. 그 전까지는 집에서 엄마, 할머니, 동생과 놀면서 보낸 것이 전부였다. 그럼에도 불구하고 초등학교 6년 내내 가정통신문에는 항상 '대인관계가 원만하다'라는 말이 적혀있었다. 그리고 초등학교 시절 내내 원만한 대인관계를 바탕으로 학급 임원 역할도 놓치지 않았다. 내가 대인관계가 원만했던 이유는 부모님께서 할머니를 모시고 함께 살았기 때문에 그 영향도 있을 것이다. 그뿐만 아니라 주양육자인 엄마와의 애착형성이 잘되어서 신뢰감이 형성되어 그 신뢰감을 바탕으로 사회성이 발달한 것이 아닐까? 사랑을 듬뿍듬뿍 받고 자라서 타인에 대한 관계 맺기가 어렵지 않았던 것 같다.

심리사회학자 에릭슨은 인간의 발달단계를 8단계로 나누었다. 그 중 첫 번째 단계는 신뢰감 대 불신의 단계이다. 이 시기는 아기는 주양육자(주로 어머니)와 첫 번째 사회적 관계를 맺는다. 이 때 경험하는 관계가 후기 인생의 기초가 된다. 엄마가 아기의 신체적, 심리적 욕구나 필요를 일관성 있게 충족시켜주면서 돌봐주면 엄마를 신뢰하게 된다. 이 신뢰감 대 불신단계가 잘 이루어져야 다음 발달단계로 넘어갈 수 있다. 그리고 이 신뢰감이 사회성의 기본이 된다.

생후 3년까지는 사회성이 발달하는 시기가 아니다. 아기들이 다 비슷한 또래인 동네 언니들과 집에 모여서 같이 놀았다. 아기들은 다 두 돌 전후의 아이들이었다. 아이들이 노는 모습을 관찰해 보니 다들 각자의 놀이에 심취해 있었다. 같이 노는 것이 아니라 한 명은 붕붕카를 타고, 한 명은 주방놀이를 하고, 한 명은 원목블록 놀이를 하고 있었다. 같이 노는 것이 아니라 다 따로 따로 놀이를 하고 있는 것이다.

어린이집에서도 36개월 아기들의 반에서 아이들이 노는 모습도 별반 다르지 않다고 한다. 다 따로 따로 다른 놀이를 한다고 한다. 왜냐하면 36개월 전까지는 사회성이 발달하는 시기가 아니기 때문이다. 36개월이 넘어서야 조금씩 친구들과 같이 놀기 시작한고 한다. 그 때부터 친구와 함께 역할놀이도 하고 소꿉놀이도 하기 시작한다.

　아이의 사회성을 길러주고 싶다면 엄마와의 애착이 먼저라고 강조하고 싶다. 엄마와의 애착형성을 통해 생긴 신뢰감이 아이의 사회성 향상에 큰 도움이 될 것이다. 유독 낯가림이 심하고 다른 사람을 경계하던 우리 딸도 끊임없는 엄마와의 애착 육아로 조금씩 타인과의 관계 맺기를 시작하고 있다.

자존감 UP,
애착육아의 기술

　복지관에서 아동 담당 사회복지사로 일했을 때 일이다. 내가 담당하는 아이 중에 항상 무기력하고 무표정하게 복지관 공부방을 오가는 남자아이가 있었다. 하루는 장래희망이 뭐냐고 지나가는 말로 물어본 적이 있다. 그 때 그 아이는 "그딴거 있으면 뭘해요."라고 심드렁하게 대답했다. 한창 꿈이 있을 나이에 그렇게 대답하는 것이 안타까웠다. 혹시나 크면 되고 싶은 것 없냐고 재차 물어봐도 고개만 절래절래 흔들었다. 평소에도 자기는 공부도 못하고 체구도 작고 약하다고 자기 자신에 대하여 부정적으로 이야기해서 마음이 아팠던 아이다. 아이의 집에 가정방문을 나갔다. 아이의 엄마는 아버지가 실직당한 뒤 가출을 하고 연락이 되지 않는다고 했다. 아이의 아버지 역시 아이처럼 마르셨고, 무기력한 모습이 역력했다. 눈빛조차 멍한 눈빛이셨다. 생동감은 엿볼 수 없는 눈빛이셨다. 아버지는 IMF 때 실직을 당한 뒤 별다른 일 없이 그냥 저냥 살고 계셨다. 취업에 대한 의지조차 없으셨다. 국민기초생활수급자 신청이 가능해서 신청하자고 권했는데 그것은 자존심이 상한다고 안하시겠다고 하셨다. 아버지가 무기력한 모습으로 그렇게 하루하루를 지내고 있는 모습을 보면서 자란 아이 역시 똑같이 무기력한 모습을 하고 있었던 것이다.

자존감이란 한 인간으로서 자신을 어떻게 보고 있는가 이다. 아이를 자존감이 높은 아이로 키우기 위해서 가장 선행되어야 할 것은 부모 스스로가 자신을 가치 있는 사람으로 생각하다는 것을 아이가 느끼게 하는 것이다. 부모가 자기 자신을 높게 평가한다면 아이 또한 자연스럽게 자기 자신을 가치 있는 사람이라고 평가한다.

복지관에서 아동 담당 사회복지사로 근무할 때 아이들을 보면 그 부모님들의 스타일도 대략적으로 파악할 수 있었다. 위 사례의 아이와 같이 무기력한 아이의 집에 가정방문을 가보면 부모 역시 무기력한 모습이다. 반면에 가난해도 긍정적인 아이가 있다. 그런 아이는 부모 역시 살아가려는 의지가 강한 모습을 보이신다.

내가 담당했던 또 다른 아이에게 진로에 대하여 물어본 적이 있었다. "사회복지과에 입학해서 선생님들과 같은 사회복지사가 될 거예요. 저도 복지관에서 도움을 많이 받았으니 다시 베풀어야죠."라고 기특한 대답을 했다. 너무 기특해서 왜 그런 생각을 했냐고 물어봤더니 어머니께서 생전에 복지관의 도움에 감사히 생각하시며 나중에 크면 꼭 다시 베풀어야 된다고 말씀하셨다고 한다. 나는 그 아이가 고등학교 2학년 때 만났다. 그 전부터 아이가 커오는 과정을 지켜보셨던 다른 선배 사회복지사분께 아이의 부모님에 대하여 물어보았다. 아이 아버지는 일찍 돌아가시고 어머니 손에서 자랐다. 어머니는 아이에게 애정이 가득가득 하셨고 가난하셨지만 아이를 키우기 위해 궂은 일 마다하지 않고 열심히 하셨다. 여전히 가난에서 벗어날 수는 없었지만 어머니의 그런 모습을 보고 자란 아이는 매사에 긍정적이고 활발하게 성장했다고 한다. 안타깝게도 어머니 역시 몸이 좋지 않아서 몇 년 전 세상을 떠나셨다고 하셨다. 하지만 그런 어머니 밑에서 자란 아이는 긍정적이면서 자존감도 높았다. 체력적으로 힘든 봉사활동도 할 수 있겠냐고 물어보면 당연히 할 수 있다고 이야기 했다. 그리고 웃는 얼굴로 열심히 봉사활동을 참여하는 모습이 기특했다. 사실 봉사시간을 때우러 복지관에 오는 청소년들도 많은데 그 아이는 성심성의껏 봉사활동을 해서 예뻤다. 주로 장애인 친구들 야외활동 보조를 했는데 지적장애 친구들도 그 아이가 봉사활동을 하러 오면 형, 오빠라 부르며 잘 따랐다. 그 아이는 정말로 목표대로 사회복지학과에 진학해서 열심히 공부하면서 지내고 있는 중이다.

아이를 잘 키우기 위해서는 부모가 바로 서야 한다. 아이의 자존감을 높이기 위해서는 부모가 먼저 자존감을 높여야 한다. 나도 첫째를 낳고 6개월쯤 되었을 때 무기력 했던 적이 있다. 하루 종일 집에서 말도 안 통하는 아이와 씨름을 했다. 하루 종일 사람 말소리를 들을 수 있는 것은 TV뿐이었다. 남편도 새벽같이 나가고 늦게 들어와서 육아를 전혀 도와주지 않았다. 게다가 주말에도 육아에는 별 다른 관심이 없었다. 차라리 설거지를 할테니 아이 육아는 나보고 하라는 식이었다. 점점 지쳐갔고 점점 무기력해졌다. 나는 원래 먹성이 좋고 아무 음식이나 잘 먹는 스타일인데 식욕도 잃었다. 생전 처음으로 식욕을 잃는다는 것이 무엇인지 알게 되었다. 살도 쭉쭉 빠지고 기본적인 육아만 하고 아이와 같이 거실에 하루 종일 널브러져 있었다. 나중에 생각해보니 가벼운 산후우울증이 왔었던 것 같다. 어느 날 문득 정신 차려야겠다는 생각이 들었다. 그 때부터 책도 읽고 공부도 하면서 나만의 시간을 조금씩 가져나갔다. 아이가 잘 때 무기력하게 초점 잃은 눈동자로 TV리모컨을 잡고 멍 하게 있었는데 조금이라도 틈이 나면 책을 읽으려고 노력했더니 점차 무기력감에서 벗어날 수 있었고 우울감에서도 벗어날 수 있었다. 이런 틈새 자기계발 시간이 모이니 내 자존감도 자연스럽게 올라갔다. 책 쓰기를 시작한 것도 내 자존감이 올라갔기 때문에 가능한 것이다. 산후우울증에 시로잡혀 있을 때의 나였다면 '나 같은 전업주부가 책은 무슨.. 말도 안 돼.'라고 생각하고 실현시키지 못했을 것이다.

부모가 자기 자신을 가치 있는 사람으로 믿는 것과 함께 중요한 것은 아이에게 긍정적인 사고방식을 심어주는 것이다. 아이는 태어난 순간부터 부모의 양육방식에 따라 자신의 생각을 만들고 그 생각대로 자란다. 부모는 아이가 긍정적인 사고방식을 지닌 사람으로 성장 할 수 있게 양육할 수도 있고 부정적인 사고방식을 지닌 사람으로 성장할 수 있게 양육할 수 도 있는 것이다. 부모는 아이가 긍정적인 사고방식을 갖고 성장할 수 있도록 도와주어야 아이는 자존감이 높은 사람으로 성장할 수 있다.

아이가 자기 자신에 대한 긍정적인 이미지를 심는 한 가지 방법은 아이를 비난하지 않는 것이다. 하루는 아이와 같이 아파트 장이 서는 날이라 장을 보러 갔다. 야채와 과일 몇 가지를 샀다. 내가 혼자 장바구니를 들어도 되는데 굳이 본인이 들겠다고 했다. 속으로는 '안 도와주는게 도와주는 거야.'라는 생각이 들었다. 그래도 간절히 들고 싶어 해서 콩나물이 든 비닐봉지를 손에 쥐어주었다. 엄마와 똑같은 비닐봉지를 들고 간다는 생각에 아이는 기뻐하면서 걸어갔다. 들고 집에 가다가 비닐봉지를 떨어뜨리기도 했다. 떨어뜨리고 당황한 표정으로 나를 쳐다보았다. 내가 들테니 이리 내놔라고 화를 내고 싶었지만 꾹 참고 "엄마 도와주려다가 떨어트렸나보네. 괜찮아. 주우면 되지. 엄마 도와줘서 고마워."라고 이야기 했다. 아이의 표정은 금방 밝아지더니 즐겁게 봉지를 휘돌리면서 집에 왔다. 콩나물의 상태는 처참했다. 콩나물이 거의 다 부서져 있었던 것이다. 화를 내려다 어차피 아이 반찬 하면 다 만들고 또 짧게 잘라줘야 하니 잘됐다라고 생각했다. 아이에게 "엄마 도와줘서 고마워. 미린이가 엄마 도와줘서 엄마가 너무 편했네."라고 이야기 했더니 어깨를 으쓱거리며 의기양양한 표정을 지어보였다. 아이가 비닐봉지를 떨어뜨렸을 때 "엄마가 장바구니 든다고 했자나. 네가 든다고 고집 부려서 떨어졌자나!"라고 비난을 했다면 아이는 의기소침해졌을 것이다. 아이를 비난하는 것 대신 도와주려고 해서 고맙다고 긍정적인 것에 초점을 맞췄더니 아이는 뿌듯해했다. 그 때 우리 아이의 내면에는 자신에 대한 긍정적인 이미지가 만들어졌을 것이다.

또 다른 긍정적인 이미지를 만드는 것에는 칭찬이 있다. 칭찬은 "예쁘다.", "착하다.", "똑똑하다"와 같은 평가적인 칭찬 보다는 부드러운 어조로 아이가 한 행동을 구체적으로 표현하는 구체적 칭찬이 좋다. 구체적인 칭찬은 아이의 자존감을 끌어올리는데 큰 도움이 된다. 하지만 평가적 칭찬은 다른 사람을 의식하면서 행동하고 자신감이 없는 아이로 성장할 수 있게 한다는 단점이 있다.

나도 사실 100% 평가적 칭찬을 주로 했다. 구체적인 칭찬에 대하여 알게 된 뒤 구체적인 행동과 결과에 대한 과정을 칭찬하려고 노력했다. 지금도 이것을 습관화하기 위해 노력하는 중이다. "미린이가 장난감 정리를 하고 있네. 엄마가 정리하는 거 도와줘서 고마워.", "미린이가 책을 제자리에 꽂았구나. 잘했어.", "미린이가 혼자서 신발 신어보려고 노력하는 구나. 노력하는 모습이 예쁘네." 라고 칭찬을 하기 시작했다. 예전 같았으면 그냥 "아이 착하네."라고 이야기할 것을 아이의 행동 자체에 주목해서 구체적으로 칭찬을 해줬다.

사실 평가적인 칭찬은 결과에 대하여 칭찬하기 때문에 부모의 별다른 노력이 필요 없다. 반면 구체적인 칭찬을 하려면 아이의 행동을 주의 깊게 관찰해야 하기 때문에 평가적인 칭찬을 하는 것보다 부모의 노력이 필요하기도 하고 귀찮기도 하다. 아이에게 긍정적인 이미지를 심어주어 긍정적인 성인으로 성장하도록 하는 것이 아이에게 줄 수 있는 부모의 가장 큰 선물이 아닐까? 지금 낮잠 자고 있는 아이가 깨어나면 구체적인 칭찬을 해주어서 남은 하루도 아이의 내면에 긍정직인 이미지를 기득 심어주는 시간으로 만들어줘야겠다.

자존감이 높은 사람은 활기차고 건강한 생활태도를 가지며 잠재된 가능성을 실현시켜 능력 있는 사람으로 성장한다. 이러한 아이로 키우고 싶다면 먼저 부모인 우리가 나 자신을 사랑하자. 나 자신은 가치 있는 사람이라고 믿고 소중히 대해주자. 그리고 난 뒤 아이에게 비난 대신 노력을 격려해주고 구체적인 칭찬으로 아이의 내면에 긍정적인 이미지를 심어주자.

애착으로 훈육하기

우리 부모님은 나를 훈육할 때 대부분 말로 설명하셨다. 동생과 심하게 싸웠을 때에도 체벌 대신 무릎을 꿇고 앉아서 손들고 있는 것이 전부였다. 그 흔한 손바닥이나 종아리를 맞은 일도 없었다. 딱 한 번 아빠한테 맞은 적이 있다. 고등학교 때 나는 시험기간이 끝나고 동생은 시험기간 이었다. 나는 시험이 끝났으니 거실에서 TV를 보려고 했다. 부모님들은 동생이 시험기간인데 거실에서 내가 TV를 보면 같이 보고 싶을 테니 TV를 보지 말라고 이야기 하셨다. 그 때는 사춘기 시절 이어서 그랬는지 마음속에서 반항심이 올라왔다. 동생이 시험기간이면 방에 가서 문 닫고 공부하면 되지 내가 왜 TV도 못 보냐고 꽥꽥 소리를 질렀다. 그러고도 화가 안 풀려서 방으로 가서 방문을 일부로 소리 나게 쾅 닫았다. 아빠는 목에 핏대를 올려가며 소리 지르면서 대드는 모습과 예의 없이 방문을 쾅 소리 나게 닫는 모습을 보고 화가 나셨다. 결국 아빠한테 한 대 맞았다. 그 때 내 머릿속에는 '내가 잘못했구나.'라고 뉘우치기 보다는 나를 때렸다는 이유로 아빠를 원망하기만 했다.

　나도 우리 딸의 엉덩이를 팡팡 때린 적이 몇 번 있다. 어느 날인가 딸이 밥을 안 먹고 자꾸 뱉고 그것을 식탁위로 문지르며 장난을 치고 있었다. 그 전날 밤 딸을 재우고 난 뒤 내일 맛있게 먹을 딸 생각으로 새벽 2시까지 잠도 안 자고 만들어 놓은 반찬들 이었다. 힘들게 장보고, 채소 다듬고, 졸린 눈 비벼가며 만들었는데 안 먹고 장난만 치니 너무 화가 났다. "먹기 싫으면 먹지마! 넌 먹을 자격이 없어!"라고 소리 질렀다. 식판을 싱크대에 쾅 소리 날 정도로 던져 넣었다. 아이는 놀란 눈으로 나를 쳐다보았다. 그런데도 화는 안 풀렸다. 식탁의자에서 아이를 안아 내리면서 엉덩이를 팡팡 소리 날 정도로 때렸다. 결국 아이는 서럽게 눈물을 뚝뚝 흘리며 큰소리로 엉엉 울었다. 그렇게 울다가 잠이 들었다.

　자고 있는 아이를 보니 또 갑자기 후회가 밀려왔다. 내가 왜 아이에게 화를 낸 것도 모자라 아이를 때렸을까… 종종 아이가 밥 먹다가 뱉기도 하고 장난을 칠 때도 있다. 생소한 음식일 때, 배가 부를 때, 아니면 졸릴 때는 음식을 뱉고 그 음식을 손으로 문질러 대기도 한다. 평소 같으면 "음식으로 장난치는 것이 아니야."라고 말로 설명을 했을 텐데 그 날은 몹시 피곤했다. 그 전날 새벽 2시까지 음식을 만들고 잠 잘 시간을 놓쳤다. 잠이 안와서 누워서 계속 뒤척이다가 새벽 3~4시가 되어서야 겨우 잠들었다. 그 다음 날 설상가상으로 아이는 평소보다 일찍 깼다. 나는 피곤해서 더 자고 싶은데 자꾸 일어나라고 옆에서 소리를 냈다. 그래도 안 일어나니 다가와서 같이 놀자고 눈을 찌르고 칭얼거려서 억지로 몸을 일으켰다. 몸은 천근만근으로 힘들었다. 그렇게 피곤이 쌓여 있는 상태에서 아이가 음식으로 장난을 치고 있으니 더 쉽게 화가 났던 것이다. 게다가 밥알이 온 바닥에 떨어져 있었고 식탁 위에는 아이가 밥알을 문질러서 눌러 붙어 있었다. 그 모습을 보니 뒷정리를 할 생각에 숨이 턱턱 막혔다. 그래서 아이에게 소리 지른 것으로 모자라 아이를 때린 것이다.

동생이 태어나고 난 직후에 아이를 자주 때렸었다. 태동이 너무 없어서 출산하기 전부터 일주일가량 입원을 했었고 동생을 낳고 산후조리까지 하느라 3주나 떨어져 있었다. 한 번도 엄마와 떨어져 있어본 적이 없던 아이에게 힘든 시간이었을 것이다. 매일 친정 부모님이 아이를 데리고 병실로 데려오셔서 오후 시간 내내 같이 있었다. 그런데 산후조리원은 산모와 신생아는 면역력이 약하고 집단 감염 우려로 초등학생 이하는 출입금지였다. 산후조리원 밖에서만 아이를 볼 수 있었다. 그래도 첫째가 눈에 밟혀서 부모님이 매일 아이를 데려왔고 1~2시간 정도 아이와 놀았다. 산후조리원에서 퇴소하면 아이를 더 많이 안아주고 사랑한다고 이야기 해줘야겠다고 결심을 했다. 3주의 시간이 지나고 산후조리를 위해 친정으로 왔다. 그동안 친정 부모님과 지내던 아이는 내가 집에 오니까 좋아하는 눈치였다. 애교 섞인 목소리로 "엄마"하고 나를 부르고는 다가와서 안기기도 하고, 내 주변을 빙글빙글 돌면서 좋아했다.

그렇게 좋아하는데 동생이 울었다. 안고 달래느라 어르는데 순간 아이의 표정이 굳어졌다. 동생이라는 존재를 경계하고 엄마의 사랑을 빼앗겼다고 생각했었던 것 같다. 그 때부터 전쟁 시작이었다. 동생이 어리다 보니 나도, 친정 부모님도 아직 손이 많이 가는 동생에게 관심이 쏠리는 것이 당연했다. 아직 울음으로 밖에 의사 표현을 못하고, 신생아 때라 조금씩 자주 수유를 해야 해서 동생을 안고 있는 시간이 많을 수밖에 없었다. 첫째는 혼자만 독차지하던 사랑과 귀여움을 동생에게 빼앗긴다고 생각했는지 하지 않던 행동을 하기 시작했다. 동생은 아기 침대에 눕혀 놓고 자기를 안아달라고 떼를 쓰며 거실바닥에 누워서 울기도 하고 관심을 끌고 싶어서 평소에 하지 않던 행동도 했다. 각티

슈는 쓸 때만 뽑는 것이라고 알려줘서 알고 있는데도 각티슈를 몽땅 뽑아놓았다. 벽장 안에 있던 치약을 꺼내 와서 바닥에 다 짜 놓고 그걸 온 몸에 바르기도 했다. 조리원에서 비싼 돈을 주고 산 유두보호크림도 다 짜서 손으로 문질거리기도 했다. 말을 잘 알아듣고 하면 안 된다는 것을 알면서 관심 받고 싶어서 계속 그런 행동을 했다. 동생이 신생아라서 밤에도 잦은 수유와 유축으로 잠을 못 자니 하루 종일 몽롱하게 정신이 없었다. 그런데 첫째까지 자꾸 돌발행동을 하니 화가 났다. 그러다 보니 첫째에게 짜증도 많이 부리고 화도 많이 냈다. 그러다가 화가 주체가 되지 않아서 아이의 엉덩이를 때리면서 화를 낸 적도 많다. 그 당시에는 내가 분노조절 장애가 아닌지 의심이 될 정도였다.

그렇게 아이를 때릴 때 마다 아이는 원망스러운 눈빛으로 나를 쳐다보았다. 동생이 생겨서 불안한 마음이 가득한 아이를 때리기 까지 한 것이다. 아이를 때리면 아이는 잘못을 뉘우치기 보다는 "엄마는 나를 사랑하지 않아."라는 메시지만 받는다. 가뜩이나 없던 동생이 생겨서 불안한데 거기에 엄마가 때리기까지 했으니 우리 첫째가 얼마나 불안하고 힘들었을까?

체벌은 아이에게 "나는 너를 사랑하지 않는다."라는 메시지만 줄 뿐이므로 절대 해서는 안 된다. 대부분의 체벌은 부모 안의 1차적인 감정이 해소되지 않은 채 짜증, 화로 올라와서 아이에게 행해지는 경우가 대부분이다. 나 같은 경우는 잠을 못자서 몸이 피곤할 때에 아이를 때리곤 했다. 화라는 행동의 밑바닥에 있는 본질적인 1차적 감정을 객관적으로 판단하고 해소하게 되면 아이에게 화를 내는 일은 많이 줄어들 것이다. 보통의 경우 그 1차적인 감정은 엄마인 자기 자신 몸이 피곤할 때나 남편과 싸웠을 때나 시댁과의 문제가 있을 때가 대부분이다. 이러한 1차적인 감정을 알아내서 해결하면 아이에게 화를 내는 경우는 크게 줄어든다. 화를 내는 일이 줄어들면 자연히 아이를 체벌하는 일은 없어질 것이다.

그렇다면 아이를 때리지 않고 무조건 오냐 오냐하고 키우는 것이 맞는 것일까? 나는 그렇게 생각하지 않는다. 타인에게 피해를 주는 행동은 하지 못하도록 단호하게 이야기 하는 것이 맞다고 생각한다. 아이가 기분이 너무 좋아서 흥분상태로 식당에서 소리를 지를 때가 있다. 식당에는 다른 사람들도 있어서 아이가 소리를 지르면 피해를 주게 된다. 그럴 때도 '아이니까 그럴 수 있지'라는 생각으로 내버려 두면 요즘 흔히 말하는 '맘충이'밖에 되지 않는다. 남들에게 피해를 주는 행동을 아이가 할 때에는 단호하게 이야기를 해줘야 한다. 낮지만 분명하고 단호한 목소리로 "식당은 다른 사람들도 있기 때문에 소리를 지르면 안 돼."라고 아이를 쳐다보고 이야기를 했다. 이렇게 이야기를 하면 보통 아이는 그 행동을 하지 않았다. 이 때에도 아이에게 왜 소리를 지르냐고 화내면서 때렸으면 큰 소리로 울어서 주위 사람들에게 더 큰 민폐를 끼쳤을 것이다.

지켜야할 공중도덕에 대한 것은 단호하고 분명하게 이유와 함께 이야기 해주면 아이는 그 행동을 대부분 수정한다. 어린 아이의 경우에는 잘 몰라서 그런 행동을 하는 경우가 특히 많기 때문이다. 큰 아이들에게도 화를 내는 대신 왜 그 행동을 하면 안 되는지 이유와 함께 단호하게 이야기 해주면 안하는 경우가 대부분이다. 화를 내고 아이를 체벌하면 아이 내면에 분노감만 가중시킬 뿐 아무런 효과가 없다. 모든 아이들은 100% '부모를 기쁘게 해줘야한다.'라는 마음을 가지고 태어난다고 한다. 그렇기에 낮고 분명한 목소리로 이야기 해주면 대개 행동을 수정한다.

그런데 이렇게 이야기 했는데 가끔 아이가 울음을 터뜨릴 때가 있다. 엄마의 단호한 모습이 생소해서 그런지, 잘못을 뉘우쳐서 그런지 이유는 잘 모르겠다.

이렇게 아이가 울 때에는 아이를 꼭 안고 "엄마가 미린이가 미워서 혼낸 것 아니야. 식당에서 소리를 지르면 다른 어른들 식사하시는데 방해가 되기 때문 혼낸 거야. 엄마는 미린이를 사랑해"라고 이야기 해준다. 그렇게 이야기 해주면 금방 울음을 그치곤 한다.

아이를 체벌하지 않되 훈육 시에는 낮고 분명하고 단호한 목소리로 이야기 한다. 훈육이 끝난 뒤에는 아이를 꼭 안아준다. 안아주면서 행동에 대하여 혼낸 것이지 아이를 미워해서 그런 것이 아님을 인지 시켜 주어야 한다. 이것이 바로 애착으로 훈육하는 나만의 방법이다.

요즘에 나는 화를 주체하지 못해 아이의 엉덩이를 때리거나 머리를 쥐어박는 체벌은 전혀 도움이 되지 않는 것을 깨닫고 아예 하지 않는다. 하지만 나도 아직은 초보 엄마라 불쑥 불쑥 밑에 찾아온 1차적인 감정을 해소 하지 못해 2차적인 감정인 화와 짜증으로 아이를 대할 때도 많다. 훈육이라는 명목 하에 화와 짜증을 내면 아이가 행동을 수정하기 보다는 더 크게 울고 상황은 더욱이 악화되는 경우가 대부분이다. 1차적인 감정을 먼저 알아차리고 내 안의 평온한 감정을 갖추도록 끊임없이 노력해야겠다.

아빠와 함께하는 애착육아

첫째인 미린이를 임신하고 출산하고 육아를 할 때에 나는 임신, 출산, 육아 모두를 엄마인 나의 몫이라 생각해왔다. 혼자서 부담감과 책임감을 가득 안고 아등바등해 왔었다.

동갑내기인 우리 부부는 부모님 지인의 소개로 만나게 되었다. 2013년 9월에 처음 만나고 두세 번 더 만난 뒤 결혼이야기가 오갔고, 11월에 상견례를 하고 2014년 1월에 결혼을 한 속전속결의 부부이다. 만난지 4개월 만에 결혼을 한 것이다. 연애기간이 그만큼 짧았기 때문에 아이를 낳기 전 1년 3개월 동안은 많이 싸우긴 했지만 금방 화해하고, 연애하는 연인들처럼 알콩달콩한 시간을 보냈다. 만삭 때 친정인 부산에서 아이를 출산하려고 내려가고 신랑은 매주 주말마다 부산에 왔었는데 헤어질 때마다 서로 슬퍼하는 닭살 부부였다.

그런데 아이가 태어난 뒤 우리 부부 사이가 변하기 시작했다. 출산 후 산후조리원을 나온 뒤에는 100일 동안 친정에서 산후조리를 했다. 출산 전처럼 남편은 매주 부산에 주말마다 내려왔다. 나는 주중에 밤낮이 없는 신생아를 돌보느라 지쳐있는 상태였다. 한시도 누워있지 않으려는 아이라서 친정 부모님과 내가 번갈아가며 하루 종일 안아야 해서 나 뿐만 아니라 친정 부모님도 팔 여기 저기 파스를 붙여 가면서 지쳐 있었다. 신랑이 오면 아이를 좀 안아주고 봐주겠지 라는 기대가 있었다. 그런데 부산에 오면 주중에 일해서 피곤하다는 이유로 방에 들어가서 잠만 잔다. 실컷 잠만 자다가 거실에 나와서는 아이는 장인어른, 장모님이 안고 있는데 멍하게 TV만 보고 있다. 어쩌다 아이를 안으면 어설프게 안아서 아이는 울고, 본인은 아이만 안으면 어깨가 아프다, 몸에 열이 많아서 아이가 싫어 한다는 등 웬만하면 아이를 안지 않으려고 핑계를 댔다. 하루 종일 아이를 안는 사람도 있는데 일주일에 한 번 와서 잠깐 안아주고는 팔 아프고, 어께 아파서 안지 않으려는 모습에 화가 났다. 남편에게 큰 실망을 했다. 그렇게 잠만 자고 아이도 안 봐줄거면 차라리 주말에 서울에서 내려오지 말지라는 생각이 들 정도였다.

산후조리 후 서울로 올라와서 독박육아가 시작된 후 갈등의 골은 더욱 깊어졌다. 주중에는 새벽에 나가서 밤에 들어와 피곤하다며 방에 들어가서 자기 바쁘고, 주말에는 주중에 일하느라 피곤하다고 자거나 TV만 봤다. 나는 힘들어서 살이 쭉쭉 빠지고 면역력도 떨어져서 피부묘기증이라는 병도 생겼었다. 그런데 신랑은 아이가 웃으며 예쁠 때만 사진을 찍어서 시댁식구들에게 카톡을 보내는 일에만 열심히 였다. 육아에는 관심도 없으면서 아이 사진만 찍어서 전송 하는 데에만 열심히 하는 신랑의 모습에 화가 났다. 이 때에 싸우거나 혼자 부글부글 끓어서 신랑에게 차갑게 대하며 부부 사이의 대화는 급격히 줄었다.

아이가 낯가림이 시작되었을 때 아빠에게도 낯을 가리며 가지 않으려고 했고 울었다. 하루 종일 엄마 껌딱지. 남편은 아이가 자기에게 오지도 않고 울어서 서운해 했다. 그런 모습을 보면서 다 자업자득이라고 생각하며 속으로 고소해 했다. 아이가 아빠에게 데면데면하게 대하자 나는 육아란 나의 혼자만의 몫이라는 생각을 더욱 더 강하게 생각하게 되었다.

육아는 나 혼자만의 몫이라고 생각할수록 남편과의 관계는 소원해지고, 하루 종일 육아에만 몰두 하니 내 자신이 없어지는 느낌이 들기 시작했다. 더 이상 이대로는 안 되겠다는 생각이 들었다. 아이가 돌이 지나고 난 뒤 한 달에 한 번 하루 8시간정도 휴가를 가지겠다고 선포했다. 남편의 반응은? 생각했던 것처럼 당연히 반대! 혼자서는 아이를 절대 볼 수 없다고 했다. 꿋꿋이 나도 나만의 시간이 필요하다고 주장하고 휴가를 가지겠다고 외출했다. 그날 하루 동안 아이의 기저귀 갈아주기, 밥 먹이기, 설거지하기, 간식 먹이기, 낮잠 재우기, 놀아주기를 오롯이 신랑 혼자서 했다. 그 날 저녁 남편은 너무 힘들었다고 이야기 하면서 그래도 아이와 친해진 것 같아서 뿌듯하다고 이야기 했다. 내가 살이 쭉쭉 빠지는 것이 이해가 안 되었는데, 하루 종일 아기를 보다보니 밥도 허겁지겁 제대로 못 먹는 것을 직접 경험해 보면서 내가 얼마나 힘든지 조금이나마 이해가 된다고 했다. 정말 육아에는 눈꼽 만큼도 관심이 없던 남편에게는 큰 변화였다. 그 후로 나는 내가 볼 일이 있으면 남편에게 아이를 맡겨 놓고 외출했고, 그 시간동안 자기만의 육아스킬을 쌓아가고 있다. 주말에 아기가 응가하면 엉덩이 씻기기와 책 읽어주기, 몸으로 놀아주기는 남편에게 전담시켰다. 게다가 아이도 아빠를 낯설어하고 퇴근해서 돌아와도 보는 둥 마는 둥했는데 이제 아빠와 친해져서 아빠와 놀 때 깔깔거리며 행복해 하고 퇴근해서 번호키 누르는 소리만 들려도 현관으로 아빠를 부르며 뛰어나간다.

사실 아직도 육아의 80-90% 이상은 나의 몫이다. 하지만 남편도 조금씩 육아에 참여하고 있는 중이다. 나 혼자 단독 육아를 하면서 부부공동양육으로 조금씩 변화해 가면서 일단 우리 부부의 사이가 훨씬 좋아졌다. 예전에는 육아에 비협조적인 신랑에게 화가 나서 대화를 거의 하지 않았다. 대화를 한다 해도 서로 공격적인 말투로 대화하다가 크게 싸우기 일쑤였다. 아빠가 육아에 참여한 뒤에는 차츰 부부와의 대화가 조금씩 늘어가고 있다. 내가 육아로 인해 육체적인 피로가 심히게 쌓여 대화할 기운이 없었는데 그런 부담감이 줄어들어 대화할 마음의 여유가 생긴 것 같다.

나 역시 육아에 대한 과도한 부담감과 책임감에서 벗어나 한결 여유로워졌다. 육아로 인해 나 자신이 없어졌다고 우울해 했는데 아이를 신랑에게 맡겨놓고 주말에 듣고 싶은 강의도 들으러 다니면서 긍정적인 에너지를 보충했다. 가끔은 친구랑 만나서 밥을 먹고 차 한 잔을 하면서 육아에 대한 스트레스를 해소하고 오기도 했다. 이러한 여유를 갖고 보니 평소 육아에서도 여유로운 마음으로 아이를 대할 수 있었다.

무엇보다도 달라진 점은 아이가 이제 아빠를 잘 따른다는 점! 돌까지는 우리 딸은 아빠를 낯설어 했다. 함께 외출을 해도 꼭 엄마인 나에게 안기려 하고, 아빠가 가끔 안으면 손을 뻗어 나에게 오려고 발버둥 쳤다. 아빠와의 단 둘만의 외출은 상상도 할 수 없는 일이었다. 그런데 아빠와 단 둘만의 시간을 보내면서 아빠에게도 잘 안겨있고, 아빠와 단 둘만의 외출도 잘 한다. 아빠와 놀면서 아이가 깔깔거리며 행복하게 웃는 모습은 정말 보기 좋다.

작년 여름휴가를 기점으로 부녀 사이는 더욱 좋아졌다. 아기는 아빠는 '항상 나가는 사람'이라고 인지하고 있어서 아빠가 빠이빠이 해도 쿨하게 손을 흔들고 아쉬워하지 않는다. 내가 빠이빠이라고 하면 같이 가자고 손을 뻗으며 운다. 그럴 때마다 남편은 서운해 했다. 그런데 작년 여름휴가 때 내가 임신초기라서 신랑이 아이랑 물놀이도 하고, 안아주고, 5일 동안 24시간 아이와 함께 보냈다. 휴게소에서 남편이 화장실을 갔을 때였다. 아빠가 안 보이자 아이가 "아빠, 아빠?"부르면서 찾는 모습을 보였다. 아이가 태어나고 처음 있는 모습이다. 남편도 아이가 아빠를 찾고 아빠에게 애교 섞인 애정표현을 많이 해서 행복해했다. 아이도 아빠의 사랑을 듬뿍 받으며 정서 발달에 도움이 되었을 것이다. 나 역시 당시에 임신초기라서 많이 피곤한데 아이가 아빠와 잘 어울려 여유롭고 편하게 휴가를 즐길 수 있었다. 작년 여름휴가를 통해 우리 세 가족 모두 한 걸음 성장하는 계기가 된 것 같다.

아이의 수정부터 양육까지 모든 과정은 부부가 함께해야하는 공동작업이다. 절대 엄마 혼자 해나가는 것이 아님을 명심해야 한다. 아빠와의 애착형성 또한 아이의 건강한 삶의 초석이 되어 신체, 인지, 사회정서 발달에 큰 영향을 미치게 된다. 또한 아이의 건강한 발달을 위해서 부부간의 소통이 원활해야 하고 함께 양육하는 모습을 보여주는 것은 더욱이 중요하다.

아빠와 애착형성에 좋은 방법은 무엇이 있을까?

우리 남편의 경우에는 무릎에 앉혀서 책 읽어주는 것으로 시작했다. 우리 딸은 책을 좋아하기도 했지만 처음에는 놀아주는 방법을 몰라서 책 읽어주기로 시작했다. 책에 있는 글자 그대로 읽어주다가 차츰 책에 있는 그림을 보면서 아이에게 대화하듯이 이야기를 했다. 아이가 반응을 보이면 더욱 신나서 책을 읽어주었다. 낮에 책을 읽어주다가 밤에도 자기 전에 누워서 책을 읽어주곤 했다. 남편이 일찍 퇴근하거나 주말에 잠자리 독서는 거의 남편이 담당한다. 거의 대부분 책을 내가 읽어주는데 가끔씩 남편이 읽어주면 새로운 즐거움을 느끼는지 즐거워한다.

스킨십도 아이와의 관계형성에 좋다. 주말에 아이 목욕을 아빠가 시키면서 함께 간단히 물놀이를 해주면 아이가 정말 좋아한다. 목욕을 시키다 보면 자연스러운 스킨십도 하게 된다. 목욕시키는 내내 아이의 깔깔거리는 웃음소리가 끊이질 않는다.

또한 엄마는 몸으로 아이와 놀아주기 쉽지 않은데 아빠들은 힘이 세기 때문에 몸으로 놀아주기에 더욱더 적합하다. 우리 딸은 목마를 태워주거나 아이를 안고 높이 점프시켜주거나 빙글빙글 돌려주면 정말 좋아한다. 그런 놀이를 통해서 아빠와 스킨십을 하면서 친밀감도 더해지니 더욱이 좋다. 놀이터에서 공을 가지고 나가서 아빠랑 몸으로 놀기도 한다. 아빠랑 이렇게 놀면서 우리 딸은 점점 더 아빠를 좋아하게 되었다.

아빠와의 애착형성은 아이에게 정서적인 안정감을 줄 뿐만 아니라 아빠 자신에게도 좋다. 아이와의 관계가 데면데면 하다 보니 아이에 대한 정도 없었던 것이 사실이다. 아이와 진정한 소통을 하면서 친밀해지고 가까워지기 시작했다. 그런 뒤 아이가 애교를 부리는 모습을 보면서 남편은 흐뭇해하고 "행복하다"라는 이야기도 많이 한다. 아이에게 정서적인 안정감을 주는 것뿐만 아니라 남편의 정신 건강에도 도움이 되는 것이다.

또한 아빠가 육아에 적극적으로 참여하면 엄마에게도 큰 도움이 된다. 육아의 스트레스에서 잠시나마 벗어나서 긍정적인 에너지를 충전해서 다시 육아에 전념할 수 있다. 또한 함께 육아의 고충을 느끼면서 부부간의 소통도 활발해 지고 서로를 이해하게 될 수 있다.

육아는 엄마 혼자서 하는 것이 절대 아니다. 부부가 함께 해 나가야 하는 것이다.

시기별 애착육아

영아기

아이가 부모에게 의존만 하는 시기인 영아기일 때에는 엄마의 역할이 중요하다. 아이는 아직 말을 잘 하지 못하기 때문에 울음으로 의사를 표현할 때가 많다. 그럴 때 초보엄마였던 나는 나중에 내가 '이렇게 너를 힘들게 키웠다'라는 것을 보여주겠다며 동영상으로 우는 것을 촬영할 때도 종종 있었다. 이것은 내가 두고두고 부끄럽게 생각하는 일이다. 동영상을 촬영하고 있을 것이 아니라 민감성을 가지고 아이의 의사를 파악하여 욕구를 만족시켜야 했다. 아직 말을 못하는 시기라 울음으로 의사를 표현하고 있는데 엄마가 동영상 촬영을 하고 있으니 얼마나 황당했을까?

기본적인 생리적 욕구 충족도 중요하지만 엄마와의 애착형성이 가장 중요한 시기도 바로 영아기이다. 이 애착관계가 아이 미래의 대인관계의 기본 초석이 되기 때문이다. 나는 아이와 눈 마주치며 이야기하기와 많이 안아주기, 매일 사랑한다고 이야기하기를 실천하려고 노력중이다. 자기전과 자고 일어나서 안아주고 사랑한다고 이야기 해주는 것이 가장 좋은 것 같다. 자기 전에 안고 사랑한다고 이야기 해주면 아이가 행복하게 잠자리에 들 수 있고, 일어났을 때 안고 사랑한다고 이야기 해 주면 하루의 시작을 행복하게 시작할 수 있지 않을까?

이 시기에 수유할 때 아이와 눈 맞춤하며 부드러운 어조로 이야기를 하면서 수유하는 것이 엄마와의 애착형성에 도움이 된다. 조리원에서도 간호실장님께서 "엄마들, 핸드폰 보지 말고 수유할 때에는 아이에게만 집중해서 하세요." 라고 누누이 강조하셨다. 나 역시 아이는 열심히 수유하고 있는데 한 손으로는 핸드폰 보면서 수유시간을 가질 때가 많았다. 특히 첫째 때는 눈은 TV를 향해 고정되어 있고 유축 해놓은 모유를 젖병으로 수유하거나 직수를 해왔다. 가끔 TV에 빠져서 아이가 다 먹었는지도 몰라서 몇 번 공기를 먹인 적도 있다. 둘째 때도 수유 시에 가끔 핸드폰을 볼 때도 있지만 첫째의 질투가 심해서 자주 안아주지도 못하는데 그 시간만큼은 아이에게 집중하려고 했다. 머리도 쓰다듬어 주고 잘 먹는다고 칭찬도 해주면서 먹인다. 잘 먹는다고 칭찬을 하면서 수유할 때는 더 잘 먹는 기분이 든다. 어느 정도 아이가 배가 부르면 입을 떼고 눈을 쳐다보면서 심각한 표정으로 옹알이를 꽤 오랜 시간동안 하기도 한다. 그때 맞장구 쳐주면 더 열심히 옹알이를 하는데 그 모습이 너무나 귀엽다.

영아기는 분리불안이 심한 시기이다. 우리 첫째 딸은 분리불안이 심해서 잠깐 볼 일이 있어서 나갈 때 다른 곳에 집중하고 있거나 낮잠 자고 있을 때 몰래 나가곤 했다. 그래서 내가 돌아오면 뛸 듯이 반길 줄 알았는데 일정시간동안 삐져서 눈도 안 마주치고 근처에도 안 왔다. 그냥 '여자애라서 잘 삐지나 보다.' 라고 대수롭지 않게 생각했는데 나의 그런 행동이 아이에게 불신감과 불안감을 주었던 것이다. 그 사실을 알게 된 후부터 지금까지 외출할 일이 있으면 아이 눈을 바라보며 이야기 해주고 안아주고 나갔다. 이야기 해주고 나가면 아이가 엄마는 사라지는 것이 아니라 다시 돌아온다는 것을 알고 안심하고 기다린다. 그래서 첫째뿐만 아니라 이제 5개월인 둘째에게도 어디가기 전에는 꼭 이야기 하고 외출을 한다.

걸음마기

걸음마기에 접어들면 아이는 스스로 하고자 하는 욕구가 강해진다. 이 욕구를 잘 충족시켜주어야 자존감이 높은 아이로 성장하게 된다. 이 시기에 너무 과보호 하거나 비판적으로 아이를 대하면 위축되고 수치심을 갖게 된다. 나도 첫째가 걸음마기에 접어들었을 때 주로 내가 밥을 떠먹여주려고 했다. 아이가 먹으면 거의 흘러서 제대로 된 영양 섭취도 될 것 같지 않고, 옷에도 음식이 다 묻어서 손빨래를 해야 하고, 바닥과 식탁에 흘린 음식을 치우는 것도 귀찮았다. 내가 먹여주려고 하면 도리질 칠 때도 있어서 스푼에 밥을 떠놓고 직접 먹어보라고 하면 좋아하면서 냠냠 잘 먹었다. 그런데도 대부분 내가 떠 먹여 주었더니 걸음마기와 유아기 사이에 접어든 지금도 나에게 먹여달라고 숟가락을 줄 때가 대부분이다.

유아기가 되기 전까지 자기가 스스로 하고자 하는 욕구를 해소할 수 있도록 도와주어 자조기술을 발달시키는데 도움을 주어야겠다. 이 시기에 부모는 기다려 주면서 인내하는 것이 가장 중요하다고 한다. 뭐든지 혼자 해보려고 할 때 아이를 따라다니면서 위험하지만 않게 해주면 된다.

또한 걸음마기에 가장 중요한 것이 아빠와 함께 하는 애착육아이다. 아이의 건강한 발달을 위해서 전제되어야하는 것이 소통하는 부부이다. 우리 부부는 첫째가 태어나고 생후 일 년까지는 거의 100% 가까이 엄마인 나의 단독 육아였다. 하루 24시간 육아에 지쳐서 부부간의 대화는 거의 단절이거나 서로에게 짜증을 내는 대화였다. 아이의 돌을 기점으로 조금씩 남편도 육아에 참여하기 시작하면서 부부 사이도 좋아지고 있는 중이고, 아빠에게 낯가림 하던 아이도 아빠를 좋아하게 되었다. 아빠와 함께 하는 애   육아는 아이의 정서발달 뿐만 아니라 부부사이에도 도움이 된다.

또한 걸음마기부터 유아기 사이에 언어가 폭발적으로 발달하는 시기다. 우리 딸도 요즘 언어가 폭발적으로 발달하고 있다. 우리 딸은 뒤집기, 기기, 걷기, 이가 나는 것 등 신체적 발달은 또래 보다 많이 늦었다. 특히 걷는 것은 15개월이 되어서야 걸었다. 그런데 언어발달은 또래 보다 빠른 편이다. 29개월인 지금은 거의 대부분 말은 다 알아듣고, 대부분 문장으로 이야기를 하는 편이다. 하나부터 열까지, 일에서 십까지 수세기도 다 할 줄 안다. 크다 작다, 많다 적다, 길다 짧다도 다 구분 하고 말을 할 줄 안다. 못하는 말이 없어서 가끔씩 놀랄 때도 많다.

영아기 때부터 아이를 무릎에 앉혀놓고 책을 펴 놓고 읽어주기도 하고, 그냥 그림을 보여주면서 그림과 관련된 이야기를 중얼중얼 해주었다. 그 때는 그렇게 해야 시간이 잘 가서 책을 보여 주었는데 그것이 아이의 언어발달에 큰 영향을 미친 것 같다. 아이가 단어만 말할 때에 그 단어를 문장으로 만들어 주는 것도 계속 했었다. 아이가 야옹 이라고 이야기하면 "엄마랑 놀이터 갔을 때 귀여운 검정색 고양이 봤었지? 고양이가 야옹야옹하면서 미린이에게 인사했지?" 라고 문장으로 말하곤 했다. 지금도 아이가 이야기하면 그 문장을 똑같이 이야기 해준다. "물 주세요."라고 이야기 하면 "아~ 물을 달라는 거야? 알겠어."라고 대답하는데 그렇게 대답해주면 아이가 좋아한다. 이 때에 특히 중요한 것은 눈을 마주치며 이야기 하는 것! 그렇게 하면 아이의 언어발달에 도움이 될 뿐만 아니라 엄마와 아이의 애착형성에도 큰 도움이 된다.

유아기

우리 딸은 걸음마기에서 유아기로 넘어가는 과도기적 시기이다. 유아기는 자조기술을 발달시키는 시기이기 때문에 지나치게 간섭하면 안 된다. 우리 딸은 요즘 신발 혼자 신고 벗기, 팬티 내리고 스스로 유아 변기에 앉아서 소변보기, 바지 벗기와 같은 것은 스스로 하려고 한다. 내가 도와줄 때 "린이가 할거야!"라고 소리 지르면서 내가 도와주면 울 때도 있다. 이럴 때는 아이가 스스로 할 수 있도록 잠시 기다려주고 난 뒤 아이가 도움을 청할 때 도와주면 된다. 미린이도 혼자도 시도해보다 안되면 "엄마 도와줘! 도와주세요!"하면서 이야기한다. 도와주면서 어떻게 하는지 설명을 해주면 다음에 아이는 또 시도해보고 성공하면 성취감을 맛본다. 이 성취감은 아이의 자존감 향상에도 큰 도움이 된다.

이 시기 역시 언어가 폭발적으로 발달하는 시기이다. 이 때에는 "왜 그럴까?", "왜 그렇게 생각하는데?"와 같은 질문을 꾸준히 하면 아이의 사고력 확장에 큰 도움이 된다. 나도 책을 읽어주면서 종종 "왜?"라는 질문을 하면 아이는 자기 생각을 손짓, 발짓까지 동원해서 이야기 하려고 한다. 또한 호기심이 많은 시기라 아이가 "이건 뭐야?"라는 질문은 많이 한다. 우리 딸도 요즘 하루에 수십 번씩 이 질문을 한다. 일일이 답해주기 힘들기도 하고 귀찮기도 하지만 이 질문에 대답을 잘 해주면 아이의 언어발달에 큰 도움이 될 뿐만 아니라 호기심에 대한 욕구가 충족되면서 엄마와의 애착관계에도 큰 도움이 된다. 아이의 질문을 무시하면 아이의 자존감은 상처받기 쉽다. 조금 귀찮고 성가시더라도 성심성의껏 대답을 해주는 것을 습관화 하자.

아이의 사회성 역시 부부자녀관계에 의해 좌우된다. 애정적인 시선으로 아이의 장점에 초점을 맞추면 아이가 또래 관계에서도 자신감 있는 모습을 보일 것이다. 부모와 함께 하는 놀이 역시 대인관계에 큰 영향을 미친다고 한다. 하루에 10분은 스마트폰과 TV를 꺼 두고 아이와 몰입해서 놀아주는 편이다. 처음에는 10분이 정말 길게 느껴졌는데 몰입해서 놀아주면 금방 지나가 버린다. 아빠는 대개 아이와 몸으로 놀아주고, 나는 아이가 좋아하는 블록 쌓기와 주방놀이, 역할놀이를 한다. 주말에는 아이가 좋아하는 근처에 있는 공원에 가서 아이가 좋아하는 꽃도 보고 마음껏 뛰어놀 수 있도록 해주는 편이다.

아동기

아동기에는 부모의 모습을 배우는 시기이다. 부모는 아이의 거울인 셈이다. 부모를 보면서 말과 행동, 습관을 익히는 시기이기에 나 자신을 잘 돌보고 바르게 행동해야 한다. 나는 아이를 '책을 좋아하는 내면이 밝은 아이'로 키우고 싶다. 책을 좋아하는 아이로 키우고 싶다면 아이에게 책을 들이미는 것이 아니라 내가 책을 읽는 모습을 보여줘야 한다. 엄마는 TV나 스마트폰을 보면서 아이에게는 책을 읽으라고 하면 아이는 억울한 심정일 것이다. 아이를 책을 좋아하는 아이로 키우기 위해 우리 집 TV는 일주일에 2~3시간 정도만 켜져 있고 대부분 OFF 상태이고, 나도 책을 더 열심히 즐기면서 읽는 중이다. 또한 내면이 밝은 아이로 키우고 싶으면 내가 긍정적인 말을 많이 하면 된다. 아이의 말이 한창 늘어날 때 아이가 "알았지?"라는 말을 나에게 하기 시작했다. 그리고 보니 내가 아이에게 "알았지?"라는 말을 많이 쓰고 있었다. 뭔가를 가르쳐주고 나서는 무조건 뒤에 "알았지?"라는 말을 붙여왔던 것이다. 그 일을 겪고 나니 부모의 언어습관이 아이에게 큰 영향을 미친다는 것을 깨닫게 되었다. 이와 같이 아동기에는 부모는 자녀의 모델임으로 자기가 키우고자하는 방향에 맞춰서 아이에게 잔소리를 할 것이 아니라 부모가 먼저 변하면 된다. 나는 책을 좋아하고 내면이 밝은 아이로 키우고 싶기에 내가 먼저 책을 즐기면서 읽고, 긍정적인 생각과 말을 많이 하려고 노력한다. 공부를 잘 하는 아이로 키우고 싶다면 부모가 먼저 공부를 하는 모습을 보이고, 공손한 아이로 키우고 싶다면 부부가 서로를 공손히 대하는 모습을 보여주기만 하면 된다.

아동기는 다양한 경험이 중요한 시기이기도 하다. 초등학교 다닐 때 부모님이 여기 저기 여행도 많이 데려 가셨고 체험활동도 많이 다녔다. 부모님과 했던 이러한 활동과 공유했던 시간으로 더욱 친밀감이 높아지는 것 같다. 초등학교 때 우포늪 생태체험을 갔었던 적이 있다. 이 때에는 한창 황소개구리로 인해 우포늪 생태계가 파괴되고 있었던 시기였다. 그 체험을 한 뒤부터 황소개구리 이야기만 나오면 주의 깊게 보곤 했다. 요즘도 황소개구리 이야기가 나오면 자연스레 눈길이 간다. 나도 유아기가 되면 아이들을 체험활동과 여행을 많이 데려갈 계획이다. 학교에서 백제에 대하여 배우면 부여와 공주에 데려가기도 하고, 갯벌체험과 같은 활동으로 자연을 느끼게도 해 주고 싶다. 경험보다 소중한 것은 없다. 이러한 경험이 모여서 아이에게 큰 재산이 될 것이다. 게다가 부모와 함께한 경험은 부모자녀관계를 돈독하게 하는 데에도 큰 도움이 될 것이다.

사춘기

사춘기는 주체의식이 생기는 시기라서 부모는 기다리면서 지켜봐주는 것이 중요하다. 아이가 실패하더라도 부모의 생각을 강요하는 것이 아니라 실패를 통해 자아가 성숙해지리라 믿고 기회를 주는 것이다. 부모의 생각만 강요하면 아이는 팅겨져 나갈 수밖에 없다. 뉴스에서 아버지가 공부만 지나치게 강조하여 아버지를 살해한 고등학생의 이야기가 나오기도 한다. 무조건 공부해라, 좋은 대학가라고 부모의 생각을 강요하다가 아이가 튕겨져 나가버려서 생긴 비극이다. 무조건 강압적으로 부모의 생각을 강요할 것이 아니라 아이가 스스로 원하는 것을 찾을 수 있도록 차분하게 대화를 하는 것이 좋다. 아이가 스스로 원하는 것을 하면서 살아가는 것이 진정한 아이의 행복이 중요한 것이 아닐까?

나도 우리 아이가 사춘기가 되면 한 발 떨어져서 지켜봐주어야겠다 .혹시나 실패가 세 번, 네 번 반복될 때에는 그 때에만 주의를 주도록 해야겠다. 이렇게 아이를 양육해야 내 아이가 주체의식이 있는 행복하고 건강한 정신을 가진 아이로 성장하지 않을까?

성년기

성년기에는 아이의 자립을 위해서 냉정한 사랑이 필요하다고 한다. 요즘에는 성인이 되었음에도 불구하고 부모에게 의존을 하는 사람이 많다. 인터넷에서 부모가 자녀 학점에 대하여 교수에게 항의를 한다거나 자녀가 회사 입사 면접에서 떨어졌다고 부모가 항의한다는 기사를 접할 때 마다 황당했다. 설마 그런 사람이 있을까라는 생각도 있었다. 그런데 내가 복지관에서 자원봉사 담당 일을 할 때에 대학생인 자녀의 봉사활동을 부모가 문의하는 경우도 종종 있었다. 한 부모님은 자신이 대신 봉사활동을 할 테니 그것을 대학생인 자녀 이름으로 확인서를 끊어 달라고 말도 안 되는 요구를 하시는 분도 계셨다.

이렇게 자라면 그 자녀가 결혼을 해서도 아이를 낳고 나서도 계속 스스로의 인생을 책임지지 못하면서 살아가는 것이 아닐까? 자녀 스스로 살아갈 수 있는 자생력을 키워주는 것이 부모가 하는 일 중 가장 중요한 것이다. 법정스님께서 엄마로부터 자식을 어른으로 대우해야 자식이 어른이 되는 것이라고 이야기 하셨다. 성년기의 자녀는 어른으로 대우해주는 것이 가장 큰 사랑이다.

제4장
워킹맘의 애착육아

하루 30분 애착육아

나는 전업맘이지만 주변에는 워킹맘인 친구들이 많다. 워킹맘인 친구들이 입을 모아 하는 이야기가 있다. 퇴근하고 돌아온 직후가 가장 중요하다고. 퇴근해서 돌아오면 엄마가 오기만을 목이 빠져라 기다리던 아이는 뛸 듯이 기뻐한다고 한다. 퇴근해서 돌아오면 저녁도 해야 하고 빨래도 해야 하고 집안일 할 것이 산더미처럼 쌓여있지만 아이와 먼저 시간을 보내는 것이 좋다고 한다. 엄마가 꼭 안아주면 낮 동안 느끼지 못했던 엄마의 온기를 느끼며 마음의 안정감을 느낀다. 안아주지 않고 집안일부터 시작하면 저녁을 준비하는데 아이가 다리에 매달려서 떨어지지 않으려 해서 저녁준비가 더 늦어진다.

내가 아는 워킹맘 동생이 있다. 이야기를 하다가 요즘에 미린이가 설거지를 하거나 식사준비를 할 때마다 안아달라고 조르면서 다리를 붙잡는다는 이야기를 한 적이 있다. 그랬더니 그 워킹맘인 동생은 자기는 그럴 때 마다 설거지며 식사준비는 다 내려놓고 아이를 먼저 안아준다고 한다. 아이를 꼭 끌어 안아주면 아이는 엄마의 온기를 온몸으로 느낀다고 한다. 자기가 필요한 만큼 온기를 느낀 아이는 다시 정서적 안정감을 회복하고 엄마에게 내려달라고 한다는 것이다.

그 이야기를 들은 뒤 나도 실천해 보았다. 사실 설거지나 식사준비를 하다가 그만 두고 안아주기 쉽지가 않다. 특히 설거지를 할 때에는 고무장갑을 끼고 설거지를 하다가 다시 벗고 아이를 안아주고 다시 끼고 설거지를 하는 일이 너무나 번거롭다. 그렇게 일이 끊겼다가 다시 하는 것이 싫어서 아이에게 "기다려줘. 엄마가 설거지 다 하고 안아줄게."라고 이야기하면 아이가 설거지가 끝날 때까지 다리를 붙잡고 "엄마, 엄마"를 부른다. 아이가 다리를 끌어안고 있으니 움직임도 불편하고 설거지도 더 늦게 끝난다. 설거지가 늦게 끝날 뿐만 아니라 아이 역시 엄마의 온기를 필요할 때에 적당히 느끼지 못한다. 좀 번거롭지만 고무장갑을 벗어서 내려놓고 아이를 꼭 끌어 안아주었다. 5분 정도 안아주었을까? 아이가 "엄마 내려줘."라고 말했다. 내려주니 쪼르르 책장으로 달려가서 책을 펼쳐놓고 보면서 놀기 시작했다. 그런 뒤 다시 설거지를 하니 아이보고 기다리라고 이야기 하고 설거지 하는 것보다 더 빨리 끝낼 수 있었다.

한 워킹맘의 강연을 갔을 때 였다. 아이와 보낼 수 있는 시간이 절대적으로 적은 워킹맘이라서 어떻게 하면 아이와 좀 더 스킨십을 많이 할까 고민을 평소에도 많이 한다고 한다. 그래서 생각해낸 아이디어가 클렌징을 아이에게 맡기기로 했다고 한다. 회사에 출근을 하는 워킹맘의 경우는 대부분 화장을 한다. 화장을 하고 난 뒤 가장 귀찮은 것이긴 하지만 꼭 해야만 하는 것이 클렌징이다. 이것을 아이보고 해달라고 하면 아이가 재미있어 하면서 한다고 한다. 클렌징 로션이나 오일을 아이 손에 짜주고 엄마 얼굴을 깨끗이 해달라고 하면 되는 것이다. 아이들은 재미있어 하면서 놀이처럼 한다고 한다. 아이는 엄마얼굴을 만지면서 자연스러운 스킨십에 낮 동안 엄마와 떨어져 있어서 아쉬웠던 마음을 채우고, 엄마는 화장을 지울 수 있는 일석이조의 효과가 있다. 이 이야기를 듣고 나서 나도 일을 다시 시작하게 되면 꼭 실천해야겠다는 생각이 들었다.

워킹맘은 절대적으로 아이와 보내는 시간이 적다. 하지만 애착육아는 아이와 긴 시간을 보내는 것보다 어떻게 보내는 것이 더 중요하다. 24시간 그냥 아이와 몸만 같이 있는 것보다 30분이라도 집중해서 아이와 함께 시간을 보내는 것이 더 중요한 것 같다.

둘째를 임신하고 37주 될 때 태동이 줄었다. 거의 안 움직일 때가 많았다. 걱정이 돼서 정기검진일이 되기 전에 산부인과로 향했다. 태동검사를 해봐도 태동이 없었다. 자궁문도 이미 조금 열려 있던 상태라 입원 수속을 하고 분만실로 향했다. 분만실에서 자연스럽게 출산이 시작되기를 기다렸다. 아직 자연분만을 하기에는 조금 이른 시기이고, 조금이라도 엄마의 뱃속에서 주수를 채우고 나오는 것이 좋다고 담당 선생님께서는 억지로 분만을 진행하진 말고 지켜보자고 하셨다. 계속 태동을 체크 하고 있는데 조금씩 태동이 잡혔다. 태동이 잡히기는 한데 아이가 움직이지 않을 때에는 너무 오랜 시간동안 움직이지 않았다. 분만실에서 8시간 정도 있어도 자궁문은 더 이상 열리지도 않는데, 태동은 잡혔다가 긴 시간동안 잡히지 않았다 를 반복해서 입원을 해서 계속 체크를 하기로 했다. 무리하게 분만을 진행하는 것 보다는 38주까지는 최대한 버티는 것이 태어나는 아이를 위해 좋다고 하셨다. 그런데 아이가 태동이 너무 없으니 입원을 권하셨다. 수액을 맞으면 아이가 편해져서 태동을 더 잘 할 것이라고. 문제는 첫째였다. 단 한 번도 엄마와 떨어져 있어본 적이 없는 아이였다. 잠깐

씩 외출을 한 적은 있지만 아예 따로 떨어져 지내는 것은 처음. 출산하고 산후 조리원 기간까지 해서 16일정도 떨어져 있을 것이라 예상했었다. 그런데 갑작스러운 입원으로 21일을 떨어져 있게 되었다.

첫째는 친정 부모님께서 그 기간 동안 봐주시기로 했다. 친정 부모님께 매일 아이를 병원과 산후조리원에 데려와 달라고 부탁드렸다. 친정 부모님은 21일 동안 매일 아이를 병실로, 산후조리원으로 데려오셨다. 산후조리원은 어린 아이가 출입금지라서 매일 외부에서 아이와 만났다. 만나는 시간은 한계가 있어서 짧게는 30분, 길게는 2~3시간 정도 아이를 만났다.

아이와 만나서 꼭 안아주기도 하고 같이 손잡고 걷기도 했다. 평소에는 아이랑 놀다가도 핸드폰 만지작 거리고, 아이랑 놀다가도 딴 생각과 딴 짓을 많이 하는 엄마였다. 그런데 이 시기에는 아이와 만나면 아이에게만 집중했다. 핸드폰은 아예 치워버리고 아이에게만 집중해서 놀았다. 우리 아이도 이 시간에 집중적으로 엄마의 온기를 느껴서 엄마 사랑을 충전하고 외갓집으로 돌아갔다.

밤에 잘 때에 할머니가 책을 읽어주다가 엄마와 관련된 그림이 나오면 약간 엄마를 찾으며 울먹이긴 했지만 크게 울지는 않았다. 텔레비전에서도 엄마와 관련된 내용이 나오면 엄마를 찾는듯하지만 크게 울지는 않는다고 하셨다. 심하게 엄마 껌딱지였던 아이라 모두가 걱정을 했다. 내가 입원하고 산후조리원에 가 있는 동안 아이가 크게 울고불고 난리가 날 것이라 예상했다. 밤잠은 항상 내가 재워서 매일 밤에 재우는 것이 전쟁일 것이라 생각했다. 그런데 다행히 아이는 21일 동안 떨어져서도 잘 지냈다. 나는 우리 딸이 매일 내가 집중적으로 놀아주었던 시간에 엄마의 온기를 가득 채우고 돌아가서 마음이 안정이 되어서 잘 지냈던 것이라 생각한다. 생전 처음으로 엄마와 떨어져 지냈지만 엄마와 집중적으로 안고 놀면서 엄마의 온기를 듬뿍 느끼고 돌아갔기에 가능했으리라.

주변에 워킹맘인 엄마들도 아이와 함께 할 절대적인 시간이 적어서 아이에게 미안하고 아이가 안쓰럽다는 이야기를 많이 한다. 하지만 30분, 아니 단 10분이라도 아이에게 집중해서 몰입해서 놀아주고 안아준다면 그 때에 느낀 엄마의 온기로 아이는 엄마가 출근했을 때 시간을 버틸 힘을 얻는다. 절대적인 시간보다 중요한 것은 집중해서 놀아주는 시간이다.

그 시간에 집안일도 잠시 미뤄두고 아이와 시간을 보내자. 저녁 조금 늦게 먹는다고, 집이 조금 더럽다고 당장 큰 일이 나는 건 아니니까. 그리고 위에서 이야기한 클렌징 놀이와 같이 아이와 함께 놀이처럼 할 수 있는 활동이 있다면 일석이조의 효과를 누릴 수 있을 것이다.

워킹맘인 친구들은 아이만 생각하면 마음 한 켠이 아프다고 한다. 애착육아가 중요한 것을 알고 있고 아이는 만 3세까지는 엄마가 키워야 하는 것이 가장 좋다는 것을 알고 있는데 일을 그만둘 수 없어서 마음이 아프다고 한다.

이런 친구들을 보면 나도 안쓰럽고 마음이 아프다. 나도 일을 할 계획을 가지고 있어서 멀지 않은 미래의 내 모습 같아서 마음이 좋지 않다. 우리나라가 아직까지 여성이 일을 하기에 충분한 인프라를 가지고 있지 않아서 속상하고 원망스럽기도 하다. 하지만 우리 아이들은 단 30분만이라도 엄마의 온기를 느끼며 엄마와 함께하는 시간을 가지면 엄마가 출근한 시간에도 씩씩하게 잘 버티는 모습을 보여준다. 한 번도 나와 떨어져 지내본 적이 없었던 내 딸도 짧은 시간을 집중해서 놀아줬더니 잘 버티는 모습을 보여주었다.

매일 30분 집중놀이 시간으로 엄마의 온기를 채워주자. 우리 아이들은 듬뿍 집중적으로 느낀 엄마의 온기와 사랑으로 밝고 건강하게 성장할 수 있을 것이다. 엄마인 우리도 그 때 느낀 아이의 따뜻한 체온으로 하루 동안 일을 하면서 느낀 스트레스를 해소할 수 있을 것이다. 아이를 안았을 때 그 따뜻함! 속상한 일이 있더라도 아이의 따뜻함을 느끼면 스르륵 해소되는 것을 느낀다. 그래서 나는 힘들 때 첫째 딸에게 "엄마 좀 안아줘!"라고 이야기 하면 달려와서 꼭 안아주고 거기에 덤으로 뽀뽀까지 해준다. 아이가 안아주고 뽀뽀를 해주면 다시 힘이 불끈 나는 것을 느낄 수 있다. 아이를 꼭 안으면 느껴지는 따뜻한 아이의 온기로 스트레스를 해소할 수 있는 것은 엄마인 우리의 특권이다.

함께하는 만큼 행복해진다

첫째를 낳고 친정에서 산후조리를 할 때였다. 남편은 주말마다 부산으로 내려왔다. 주중에 밤낮 없는 신생아와 씨름하다가 주말에 남편이 오면 많이 도와줄 것이라 생각했다. 목도 못 가누고 너무나도 작은 아기를 떨어트릴까봐 불안해서 남편은 경직된 자세로 아이를 안았다. 마치 로봇이 아기를 안고 있는 듯한 느낌이었다. 어깨에 잔뜩 힘을 주고 어정쩡한 자세로 아이를 안았다. 그렇게 아이를 안고 있더니 어깨와 허리가 아프다며 아이를 안지 않으려했다. 화가 났다. 첫째는 눕혀만 놓으면 울어서 24시간 중 20시간은 안겨 있는 아기였다. 첫째를 낳고 산후조리를 할 때 친정 부모님과 내가 셋이서 식탁에 앉아서 밥을 먹어본 적이 없을 정도이다. 친정 부모님과 내가 교대로 안고 교대로 밥을 먹어야 했다. 그렇게 교대로 아이를 안고 있다가 남편이 주말에 오면 아이를 대신 많이 안아줄 것이라 기대했다. 당연히 주말에 아이를 보러 부산에 오는 것이니까. 그런데 몇 번 안아보더니 어깨와 허리가 아프다며 못 안겠다고 했다.

주중에 매일 아기를 안고 있는 산후조리 중인 나와 나이 드신 친정 부모님은 얼마나 힘든데, 주말에 와서 조금 안고는 힘들다며 안 안으려고 피하는 모습을 보니 화가 났다.

밤에는 3시간 마다 한 번씩 깨야 했다. 그 당시 나는 유축 수유를 하고 있는 중이었다. 주중에는 아기가 배고파서 깨면 엄마가 모유를 중탕해서 아이를 먹이고 트림까지 시켜주셨고, 그 시간에 나는 유축을 했었다. 주말에는 친정 엄마대신 신랑이 그 역할을 담당해 주어야 했다. 아이가 우는데도 일어날 생각을 안 한다. 결국 소리 지르며 깨웠다. 비몽사몽으로 졸면서 아이에게 수유를 하고 있었다. 게다가 밤에 3시간에 한 번씩 깨서 잠이 부족하다며 그 다음날은 낮에 낮잠을 자는 것이다! 나는 임신 후기부터 잠을 푹 잔 적이 없다. 친정 엄마는 유축 수유하는 딸 때문에 아이를 낳고 난 뒤부터 잠을 푹 주무신 적이 없다. 그런데 남편은 주중에 집에서 혼자 푹 숙면을 취하면서 기껏 주말에 와서 밤에 잠 못 자서 피곤하다고 낮잠을 자니 황당했다. 남편이 낮에 방에서 낮잠만 자고 있으니 아이를 안고 있는 사람은 주중과 마찬가지로 친정 부모님과 나였다.

낮잠을 자고 거실에 나왔을 때 친정 부모님이 아기를 안고 있어도 아기를 대신 받아 안을 생각을 하지 않았다. TV에서 예능프로그램이 나오자 그것만 보고 있었다. 멍한 모습으로.

아이를 낳으면 정말 잘 도와줄 것이라 믿었다. 그런데 남편의 태도를 보고 있자니 믿는 도끼에 발등 찍히는 느낌이었다. 처음에는 아기가 50일이 되면 친정에서의 산후조리를 끝내고 서울에 올라갈 계획이었다. 그런데 남편이 육아를 도와줄 의지가 없어보여서 차일피일 미루다 아이가 100일이 지난 뒤 올라왔다.

서울에 올라와서도 유축수유는 계속 되었다. 아이가 침대에서 떨어질까봐 아이와 나는 거실에서 이불을 깔고 자고 남편은 혼자 방에서 침대에서 잤다. 밤에도 계속 모유를 짜야 해서 밤 수유는 남편이 담당해 주어야 했다. 남편이 못 일어날 것 같아서 일부로 방문을 열어놓고 자도록 했다. 나는 모유를 유축해야 하고, 아기는 배고프다고 우는데 남편은 일어날 생각이 없었다. 결국에는 아기 우는 소리 안 들리냐며 소리를 질러서 겨우 깨웠다.

　매일 밤에 아이를 재우려면 안고 자장가를 부르며 한 시간을 거실을 걸어 다니면서 재워야했다. 그런 모습을 뻔히 보면서도 퇴근해온 남편은 씻고 방에 들어가서 자버린다. 코를 골면서 자고 있을 때에는 '한 대 탁 때려주고 싶다'라는 생각이 솟아오르기도 했다.

　주말에는 아이를 좀 봐주겠거니 했지만 주중과 마찬가지였다. 차라리 자기가 설거지 할 테니 나보고 아기를 보라고 했다. 주중과 별다를 것이 없는 독박육아였다. 오히려 주말에는 세끼 남편 밥까지 차려야 해서 더 힘들었다.

　아이가 첫돌 즈음이었다. 그 때쯤 아기들 개월 수가 비슷한 동네언니들과 친해졌다. 언니들과 친해지면서 남편들도 함께 부부 동반으로 만나면서 세 가족이 모두 다 친해졌다. 하루는 동네언니들과 이야기를 하다가 언니들은 주말에 남편에게 아기를 맡기고 한 달에 한 번은 자유시간을 갖는다는 이야기가 나왔다. 언니 두 명 다 그렇게 하고 있었다. 언니들과 그 이야기를 한 날 남편에게 말했다. 나도 한 달에 한 번 오전 9시부터 오후 6시까지 자유시간을 가지겠고. 남편은 풀쩍 뛰면서 반대했다. 자기가 어떻게 혼자서 하루 종일 아기를 보냐고 난리였다. 한 번 해보기로 했다. 처음에는 9시간이 아니고 아이의 첫 번째 낮잠을 재워놓고 12시쯤 나갔다가 오후 6시에 들어왔다. 사실 밖에 있으면서도 아이가 걱정되는 마음이 한가득 이었다. 실시간 카톡으로 아이의 상황을 남편에게 물어봤다.

그렇게 저녁 6시에 집에 돌아왔다. 집이 난장판이었다. 거실에는 아이의 장난감이 나뒹굴고 싱크대에는 설거지가 쌓여있었다. 남편의 얼굴에는 다크써클이 진하게 내려와 있었다. 오늘 어땠냐고 물어봤더니 남편은 너무 힘들었다고 고백했다. 점심도 아이 이유식을 먹이면서 먹는둥 마는둥 허겁지겁 마시듯이 먹었다고 했다. 내가 왜 육아를 하면서 살이 빠지는지 이유를 몰랐는데 이제야 이유를 알 것 같다고 했다. 자기는 점심 한 끼 제대로 못 먹은 것 이지만 나는 매일 세 끼를 이렇게 마시듯이 먹으니 살이 빠지는 것인 것 같다고 이야기 했다. 그런데 아이랑은 친해진 것 같아서 좋다고 했다. 딸이 아빠에게까지 낯가림이 심하고 엄마만 찾아서 아이에게 평소 서운한 감정이 있던 남편이었다. 그날은 아빠와 낮 동안 함께 놀아서 아빠와 친해져서 저녁 내내 아빠 옆에 찰싹 붙어있었다. 처음 있는 일이었다.

집은 난장판이고, 아이 목욕도 안 시켜서 아이 모습도 지저분해 보였다. 옷도 이유식 흘린 옷을 그대로 입혀놔서 더 지저분해보였다. 잔소리를 하고 싶었지만 잔소리를 하면 다음부터 혼자 외출을 절대 못할 것 같아서 잔소리를 속으로 삼켰다. 그냥 남편이 혼자서 아이를 돌봤다는 사실에만 주목하기로 했다.

사실 이 때까지 아이를 남편에게 단독으로 맡기지 못한 것은 남편의 반대도 있었지만 내가 남편을 믿지 못했다. 남편이 아이를 안으면 울고, 이유식 떠먹이는 것도 반 이상은 줄줄 흘리며 먹이고, 아이가 응가를 해서 좀 씻겨달라고 해서 씻겨서 나와서 보면 엉덩이에 응가 찌꺼기가 남아 있는 일이 부지기수였다. 못 믿어서 함께 외출해도 아이는 내가 아기띠로 주로 안고 다녔던 것이다.

부성은 자연스럽게 생기는 것이 아니라 훈련에 의해서 만들어 지는 것이다. 나는 남편이 부성을 만드는 것을 방해하고 있었는지도 모른다. 남편에게 육아의 기회를 나누어 주어야 했었다. 정우열 정신과 전문의는 아빠의 독박육아가 아빠의 육아능력을 상승시키는데 도움이 된다고 했다. 우리 집도 내가 자유시간을 외치며 외출한 첫 날 남편의 육아능력이 확 상승한 것이 느껴졌다. 특히 장시간의 독박육아가 능력향상에 큰 도움이 되는 것이다. 잠깐 1~2시간 외출하면 그 시간 동안 아이를 안고 놀아만 주면 된다. 밥 먹이는 것도, 기저귀 가는 것도, 낮잠 재우는 것도 나중에 엄마가 온 뒤에 하면 되니까 육아 능력이 향상되지 않는다. 첫 날 내가 6시간 외출하고 돌아왔을 때는 기저귀도 제때 안 갈아줘서 아이가 축축한 기저귀를 차고 있다가 기저귀 발진이 생겼었다. 그런데 두 번째 외출 했을 때에는 아이 기저귀도 제때 제때 갈아줬을 뿐만 아니라 빨래까지 해서 널어놓았다. 정말 큰 발전이었다. 그 뒤로는 내가 일이 있을 때 마다 안심하고 아이를 남편에게 맡기곤 한다.

초반에는 아이와 집에서만 있었다. 내가 아이가 놀이터 좋아하니까 낮에 놀이터라도 잠깐 데리고 나갔다 오라고 하면 밖에서 울면 어떻게 하냐고 무서우니 집에만 있겠다고 했다. 그런데 요즘에는 아이를 데리고 혼자서 동물원도 갔다 오고, 서울숲에도 갔다 온다. 하루는 신랑이 아이를 데리고 키자니아에 갔다. 아이가 걱정되기도 하고 잘 노는지 궁금해서 전화를 했더니 집에 오기 싫다고 할 정도로 신나게 놀고 있었다고 했다.

그렇게 한 달에 한번 나의 자유시간, 남편의 독박육아를 통해서 남편도 점점 육아에 동참하게 되었다. 주말에 아기가 응가를 하면 엉덩이를 씻기고, 책을 읽어주고, 몸으로 놀아주는 일은 남편 담당이었다. 아기가 응가 했을 때 엉덩이를 씻겨달라고 부탁하면 응가 찌꺼기가 온통 엉덩이에 묻어있었는데 이제는 능숙하게 잘 한다. 아빠가 책을 읽어주고 몸으로 놀아주면 딸은 깔깔거리면서 좋아한다. 이렇게 남편이 육아에 동참하면서 아이를 낳고 난 뒤 대화단절이던 우리 부부도 다시 서로를 이해하게 되었다.

전업주부인 나도 이렇게 육아에 남편의 도움이 절실한데 워킹맘들은 오죽하겠는가? 워킹맘인 친구들은 헐레벌떡 퇴근해서 아이를 픽업해서 집에 온다. 집에 와서 정신없이 저녁준비를 하고 아이의 뒤치다꺼리를 하는데 남편이 리모컨 잡고 TV만 보고 있는 모습이 그렇게 꼴 보기 싫다고 했다. 나도 남편이 퇴근해서 돌아와서 소파에 눕듯이 앉아서 TV만 보면 속에서 화가 올라온다. 워킹맘인 친구들은 그런 모습을 보면 더 화날 것이라는 생각이 들었다.

전업맘도 마찬가지지만 워킹맘의 경우 남편의 육아 동참은 필수적이다. 혼자서 슈퍼우먼처럼 다 하려고 했다가 지쳐서 쓰러지고 만다. 힘들고 지치면 사실대로 남편에게 털어놓고, 육아의 일정부분은 담당해달라고 구체적으로 요구를 해야 한다. 남편들의 경우 구체적으로 이야기를 해 주지 않으면 무엇을 도와줘야 하는지 몰라서 못하는 경우가 대부분이다. 사랑하는 아내가 힘들다고 도와달라고 하는데 안 도와줄 남편이 몇 명이나 되겠는가? 한 번에 단 한 가지 일만, 해야 할 일을 콕 집어서 구체적으로 이야기 하면 대부분의 남편은 OK한다.

게다가 육아의 대상은 사랑하는 자신의 아이들이다. 아이들은 내 자식일 뿐만 아니라 남편의 자식이기도 하다. 공동육아를 통해서 육아의 기쁨을 느끼게 해주어야 한다. 혼자서 다 하려고 한다면 엄마인 자기자신도 힘들지만 남편에게서 육아의 기쁨을 빼앗는 것과 마찬가지이다. 혼자서 과도한 책임감을 가지고 다 하려고 한다면 자기 자신도 지치지만, 남편은 자연스레 육아에 소극적이 될 수밖에 없다. 이렇게 되면 남편들도 가정에서 소외감을 느낀다고 한다.

공동육아의 최고 장점은 아이들이 아빠와 애착형성에 도움이 된다. 아빠와 형성된 애착으로 아이는 정서적인 안정감은 물론 딸에게는 바람직한 남성상을 심어주고, 아들에게는 롤모델이 될 수 있다. 게다가 아빠와의 애착형성이 잘 되어야 사춘기 시절과 성인이 되었을 때도 아빠와의 관계가 좋을 수 있다. 아빠와 애착형성이 되지 않으면 자녀가 성장하면서 아빠와 아이는 서먹서먹한 관계가 될 수밖에 없다.

부부가 함께 하는 공동육아는 선택이 아닌 필수이다. 육아를 함께 하는 만큼 아내도, 남편도, 자녀들도 행복해진다.

가르치지 말고 안아줘라

일을 하면서 대학원도 다니고 딸도 키우고 있는 내 친구가 있다. 나는 육아만 해도 정신없고 버거울 때도 많은데 세 가지 일을 동시에 척척척 해내는 친구가 신기했다. 친구가 일과 학업으로 정신없이 바쁘지만 3살인 딸은 밝게 잘 자라고 있었다. 친구에게 그 비결이 궁금해서 물어보았더니 바로 스킨십이었다.

퇴근하면 아이가 엄마를 반기며 현관문으로 뛰어온다고 한다. 그 때 꼭 안아주는 것으로 육아출근을 시작한다고 한다. 집안일은 일단 미루고 꼭 안아줘서 낮 동안 엄마 품이 그리웠던 아이의 욕구를 채워준 뒤 저녁식사준비를 한다. 저녁을 먹고 난 뒤에는 아이 목욕을 시킨다고 한다. 낮에 아이를 봐주시는 시어머니께 아이 목욕을 부탁할 수 있지만 아이와의 스킨십을 위해서 목욕은 야근이 있어서 늦게 마치지 않는 이상 직접 시킨다고 했다. 친구는 목욕을 시키면서 딸과 낮 동안 어린이집에서 있었던 이런저런 이야기를 하는 시간이 좋다고 했다. 딸에게도 낮 동안 엄마가 무엇을 했는지 이야기를 해준다고 했다. 이런 대화는 중요한 것 같다. 아이가 엄마와 떨어져 있는 낮 동안 엄마가 무슨 일을 하는지 알게 되면 엄마를 기다리는 시간을 불안해하지 않을 것이다. 좀 더 크면 열성적으로 일하는 엄마를 존경하지 않을까? 목욕 후에는 아이가 원하는 놀이를 조금 하다가 잠자리에 든다고 한다. 아이의 잠을 재우는 것은 무조건 친구가 담당한다. 낮 동안 엄마와 떨어져 있었던 아이라서 엄마의 팔에 코를 부비면서 잠든다고 한다. 친구 딸은 그렇게 엄마 팔에 코를 부비면서 내일 낮 동안 엄마와 떨어져 있을 때 힘을 낼 수 있는 에너지를 미리 비축해 놓는 것은 아닐까? 내 친구는 바쁘지만 최대한 아이와 스킨십을 하려고 노력하는 모습을 보였다. 그러한 노력으로 인해 아이가 밝게 성장하고 있다는 생각이 들었다.

스킨십은 엄마와 자녀의 애착형성에 가장 좋은 방법이다. 스킨십은 애착호르몬인 옥시토신을 분비하기 때문이다. 옥시토신은 정서적 안정감을 증가시켜 불안감과 긴장감을 해소하고 스트레스 호르몬의 과도한 분비를 억제시킨다는 연구결과가 나오고 있다. 그렇기 때문에 스킨십은 아이의 정서적인 안정에 도움이 된다. 뿐만 아니라 워킹맘인 친구도 낮 동안 일을 하면서 받은 스트레스를 아이와 스킨십을 하면서 해소시키는데 도움이 되는 것이다.

우리 남편과 딸은 첫돌이 지난 후 사이가 친밀해 졌다. 그 비결도 역시 스킨십인 것 같다. 남편은 회사가 바빠서 아이가 잠에서 깨기 전 새벽에 출근을 하고, 대개 아이가 잠들고 난 밤늦게 퇴근을 하곤 했다. 그래서 주중에는 아이 얼굴을 거의 볼 수가 없었다. 첫째 딸이 돌이 지난 후 주말에는 딸과 함께 몸으로 놀아주는 놀이를 주로 해 주었다. 앞구르기를 좋아하는 딸이 앞구르기 할 수 있도록 도와주고, 아이에게 말 타기 놀이 하자며 아이를 업고 엉금엉금 거실을 기어 다니기도 한다. 아이를 안고 한 바퀴 뱅글뱅글 돌면 아이는 깔깔 거리며 좋아한다. 그렇게 몸으로 놀아주다가 지치면 은근슬쩍 딸에게 책을 읽자고 유도한다. 딸이 읽고 싶은 책을 가져오면 무릎에 앉혀서 읽어준다. 주말의 목욕 담당은 남편! 주말까지 혼자서 목욕을 시키기 힘들어서 주말 목욕 담당은 남편에게 위임했다. 목욕시간에 딸과 남편은 깔깔거리며 신나한다. 목욕을 놀이처럼 장난을 치면서 하기 때문이다.

아이가 첫 돌 전에는 남편이 주말에도 피곤하다며 TV만 보고 있고 거실에 딸은 혼자서 장난감을 가지고 놀면서 방치되어 있는 모습이 많이 보였다. 내가 월 1회 육아 휴식을 외치며 육아를 맡기고 외출을 한 뒤부터 아이와 놀아주는 기술이 많이 발전했다. 나보다 체력이 좋은 남편은 몸으로 놀아주는 놀이를 주로 했다. 장난감으로 놀아주는 것 보다 몸으로 놀아주는 것이 자기도 편하다며 주로 몸으로 놀아준다. 그렇게 열성적으로 주말에 놀아주는 시간을 가지고 난 뒤 딸과의 관계가 좋아졌다.

첫 돌전까지 아이는 아빠에게도 낯가림을 했다. 외출해서 아기띠로 안고 있다가 허리가 아파서 남편이 아기를 받아 안으면 손을 나에게 뻗으며 울었다. 주말에 남편이 있어서 오랜만에 여유롭게 샤워를 하려고 하면 밖에서 딸이 나를 찾으며 대성통곡하는 소리가 들린다. 아빠가 장난으로 "빠이 빠이"라고 하면 아무렇지도 않게 손을 흔들었다. 내가 장난으로 "빠이 빠이"라고 하면 울상을 지었다. 딸의 그런 모습에 남편은 속상해 했다.

그런데 몸으로 적극적으로 놀아주기 시작하자 딸과 남편의 관계가 변했다. 남편이 주중에 가끔씩 일찍 들어오면 딸은 번호키 누르는 소리만 들리면 아빠를 외치며 쪼르르 현관으로 달려 나가서 아빠를 반긴다. 그리고 아빠가 집에 있을 때에는 아빠 뒤만 졸졸 따라다닌다. 딸이 그렇게 행동을 하니 남편은 더 열심히 몸으로 놀아준다. 딸이 아빠를 좋아하고 반기니 행복하다는 이야기도 자주 한다. 과도한 업무로 스트레스를 많이 받는 남편에게도 딸과의 스킨십이 스트레스 해소에 큰 도움을 준다는 것을 느끼게 되었다.

나도 둘째가 태어난 후 첫째에게 온전히 집중을 못해 줄 때가 많다. 처음에 둘째가 태어나고 친정에 산후조리를 하러 갔다. 엄마뿐만 아니라 할아버지, 할머니의 관심이 손이 많이 가는 둘째에게 쏠렸다. 관심을 받고 싶은 첫째는 치약을 바닥에 짜놓기도 하고, 샴푸를 짜서 얼굴에 바르기도 했다. 조용해서 찾아보면 방 한쪽 구석에서 각티슈 한통을 다 뽑아서 못쓰게 만들어 놓기도 했다. 처음에는 둘째가 신생아라서 밤중 잦은 수유로 잠이 부족하고 몸도 힘들어서 그런 행동을 하는 아이에게 화를 내고 짜증도 냈었다. 친정엄마가 애한테 왜 그렇게 짜증을 내냐고 할 정도로 짜증과 화로 아이를 대했다. 그랬더니 아이가 한창 잘 가리던 대소변을 못 가리기 시작했다. 팬티 입고 소변을 줄줄 하기도 하고, 팬티에 대변을 하고 난 뒤 "응가 했어."라고 이야기하기도 했다. 인지가 빠른 편이라 말도 잘 하고, 말도 다 알아듣는 아이가 그런 행동을 하니 어이가 없었다. 팬티를 입고 실수를 하면 뒤처리 하는 시간도 많이 걸린다. 하루에 대여섯 번씩 아이가 실수한 것을 치우려니 화가 났다. 아이가 팬티를 입고 거실에서 소변을 보면 그것을 걸레로 닦으면서 화를 냈다. 똥을 씻겨 줄 때에도 화를 냈다. 똥 묻은 팬티를 빨면서도 화를 냈다. 그러던 어느 날 아이가 또 팬티를 입고 소변을 해서 혼내려는 찰나에 "때찌!"하면서 자기 머리를 자기가 때리는 것이다. 깜짝 놀랐고 이것은 아니다 라는 생각이 들었다. 그리고 난 뒤 첫째를 많이 안아주어야겠다는 생각이 들었다.

아기를 안고 있다가도 첫째가 안아달라고 하면 둘째는 친정 부모님께 안아달라고 부탁하고 첫째를 안아주었다. 첫째의 목욕도 산후조리 한다고 엄마가 주로 해주셨는데 다시 내가 담당하기로 했다. 낮에도 아이가 안아달라고 하면

하던 일을 멈추고 안아줬다. 둘째를 수유할 때만 "아기 밥 먹이고 나면 우리 미린이 안아줄게."라고 양해를 구했다. 수유를 하고 난 뒤에 기다려줘서 고맙다고 이야기하며 꼭 안아주고 뽀뽀도 해줬다. 낮에는 가끔씩 내가 아이에게 장난으로 "안아줘!"라고 이야기를 하기도 했다. 그러면 아이가 달려와서 안아주고 덤으로 뽀뽀까지 해줬다. 아침에 일어나서 비몽사몽 할 때에는 잠이 깰 때까지 안고 있었다. 아침에 잠이 덜 깬 상태에서 칭얼거리고 자주 보채던 아이도 잠이 깰 때까지 안아주니 기분 좋게 하루를 시작했다.

지금도 가끔 대소변 실수를 하긴 하지만 그 횟수가 확 줄었다. 한 달에 한두 번 실수하는 정도이다. 아이와 집중적으로 스킨십을 해주면서 소원했던 애착이 다시 강화되어서 아이도 정서적 안정감을 가지게 되어 대소변도 다시 잘 가리게 된 것 같다.

전업맘인 나에게도 이렇게 아이와의 스킨십이 중요한데 워킹맘에게 아이와의 스킨십은 선택이 아닌 필수라는 생각이 든다. 나도 향후 몇 년 안에는 다시 재취업을 할 계획을 가지고 있다. 그렇기에 주변의 워킹맘인 친구들에게 관심이 간다. 특히 일을 하면서 어떻게 아이와의 애착관계를 강화하는데 노력을 하는지 궁금해서 직접 물어보기도 했다. 대부분 친구들이 퇴근할 때 현관에 달려오는 아이를 꼭 안아주고, 목욕 시키기는 힘이 들더라도 직접 한다고 한다. 바로 아이와의 스킨십이 워킹맘의 애착관계 강화의 답이었던 것이다.

아이에게는 엄마의 냄새와 엄마의 온기가 필요하다. 엄마가 일을 해서 엄마의 온기와 냄새를 낮 동안에는 느낄 수 없다. 그래서 엄마가 퇴근해서 돌아오면 그 냄새와 온기가 느끼고 싶은 것이다. 아이가 안아달라고 할 때 하던 일을 멈추고 안아주자. 집이 좀 지저분하다고, 저녁 좀 늦게 먹는다고 큰 일이 나지 않는다. 아이를 안아주는 것이 최우선이다. 안아달라는 아이에게 집안일 하고 안아준다고 하면 아이가 징징대고 매달릴 가능성이 크다. 그렇게 되면 집안일도 더디게 끝날 뿐만 아니라 아이도 마음에 상처를 받는다. 아이가 안아달라고 하기 전에 먼저 안아주는 것이 더 좋을 것이다.

단 10분이라도 아이랑 몸으로 놀아주자. 너무 피곤하다면 침대에 누워서 아이 간지럼을 태우며 놀아주거나 소파에 기대어 앉아서 아이를 무릎에 앉혀놓고 책을 읽어주자. 몸으로 하는 놀이로 아이는 엄마의 냄새와 온기를 저장해 놓는다. 그리고 다음날 엄마가 출근했을 때 전 날 저장해 놓은 엄마의 냄새와 온기를 꺼내어 쓴다.

나도 아이를 더 많이 안아주는 하루를 보내야겠다.

마음이 통하는 육아가 최고다

몇 달 전만해도 일이 있어서 나가야 할 때에는 첫째 딸이 낮잠 자고 있을 때나 놀이에 몰두하고 있을 때 몰래 나갔다. 아이에게 말하고 나가면 따라가려고 매달리거나 울 것 같아서 몰래 외출하는 것이 나을 것이라고 생각했기 때문이다. 말없이 외출하면 예상외로 딸이 울지는 않고 잘 지냈다. 하지만 내가 다시 집에 왔을 때 한두 시간은 내 눈을 마주치지 않으려 하고 가까이 오려고 하지 않는 모습을 보였다. 그냥 여자아이라 삐진 것이라 대수롭지 않게 생각했었다. 그런데 양육서를 읽다보니 내 행동은 아이와의 신뢰감에 악영향을 주는 것이었던 것이다. 엄마가 아무 말도 없이 갑자기 외출해버리면 아이는 엄마가 언제 사라질지 모른다고 여겨서 놀면서도, 자면서도 불안 해 한다고 했다. 아마 내 딸의 눈도 마주치지 않으려는 행동도 그 불안 표출의 한 가지 방법이었던 것 같다. 그 뒤로 외출할 일이 있을 때 미리 아이에게 나가는 이유를 설명해

췄고 언제까지 돌아오겠다고 약속했다. 울면서 다리에 매달리거나 같이 나가겠다고 고집을 부려서 늦게 나갈 때도 있었다. 하지만 외출했다 돌아오면 눈을 마주치지 않으려고 했던 예전과 달리 번호키 누르는 소리만 들으면 두 팔 벌려 현관으로 엄마를 부르며 달려 나오며 나를 반겼다.

워킹맘의 경우에도 출근할 때 아이가 어려서 모를 것이라고 생각하거나 아이가 울며 보챌까봐 잠잘 때나 다른 것에 정신이 팔려 있을 때 몰래 출근하는 경우가 많다고 한다. 아이와의 애착형성에 중요한 신뢰감 향상을 위해서는 출근을 하지만 저녁에 다시 만나자는 설명과 인사를 꼭 해야 한다. 그리고 현관에서 포옹하고 뽀뽀하는 작별의식을 만드는 것이 좋다고 한다. 이러한 설명과 작별의식으로 아이는 하루 종일 엄마가 돌아오지 않을 것이라는 불안함에서 벗어나서 생활을 할 수 있을 것이다.

또 다른 애착형성에 도움이 되는 것은 '사랑해'라고 표현하는 것이다. 나는 첫째 딸에게 '사랑해'라는 말을 많이 했다. 아침에 일어날 때, 밤에 자기 전에, 낮에도 틈틈이 사랑해라는 말을 했다. 말을 못 할 때에는 내가 사랑해라고 말을 하면 손으로 크게 하트를 그려서 대답했고, 말을 시작하니 어눌한 발음으로 사랑해라고 말로 표현했다. 그 모습이 귀여워서 더 자주 사랑해라고 말했다.

둘째가 태어나서 신생아시절일 때 일이다. 신생아인 둘째는 유달리 밤에 잠이 없었다. 낮 동안 내내 잠만 자다가 밤 11시만 되면 그 때부터 눈이 말똥말똥해져서 잠을 자지 않고 놀기 시작했다. 반면 첫째는 낮에 낮잠까지 거부하면서 놀다가 밤 9시부터 잠이 들었다. 잠 패턴이 완전히 다른 두 아이를 돌보려니 나는 잠을 잘 시간이 부족했다. 잠을 잘 못자니 신경이 바짝 곤두서기 시작했다.

그러던 중 갑자기 동생이 생기니 첫째가 유난히 돌발행동을 많이 했다. 그런 행동을 보고 있으니 짜증이 났다. 잠이라도 푹 잤으면 웃으면서 넘길 수 있는 일인데 잠을 못자니 바로 짜증이 섞인 말이 확 터져나왔다. 아이가 신문지를 쭉쭉 찢어서 거실에 뿌리고 있었다. 평소 같았으면 같이 놀아주고 같이 정리하자고 했을 것이다. 잠을 못자서 비몽사몽하고 육체적으로도 피곤한데 아이의 그런 모습을 보니 짜증이 올라왔다. "왜 자꾸 어지르는 거야! 가만히 좀 있어! 너 때문에 정신 산만해 죽겠다."라고 소리를 질렀다. 아이는 영문도 모른 채 내 짜증받이가 되어버린 것이다. 그러다가 어느 날 문득 요즘 첫째에게 사랑한다는 이야기를 전혀 해주지 않았다는 것을 깨닫게 되었다. 동생이 태어나서 엄마를 빼앗길까봐 두려운 아이에게 사랑한다는 이야기는 못해줄망정 짜증과 화만 내고 있었던 것이다.

나의 짜증과 화를 받아내는 감정 쓰레받기가 된 내 딸은 자기 머리를 스스로 때리며 "때찌!"라고 이야기하기도 했다. 첫째 딸이 정서적으로 많이 힘든 것을 그렇게 표출하는 것 같았다. 다시 "사랑해"라는 말을 달고 살았다. 자기 전과 아침에 일어났을 때는 의식적으로 사랑한다고 이야기 했고, 낮에도 사랑해라는 말을 하려고 의식적으로 노력했다. 몇 주쯤 노력을 하니 다시 예전처럼 자연스럽게 사랑한다는 말이 흘러나왔다.

'사랑해'라는 말도 의식적으로 하려고 노력하면 어색하지 않고 자연스럽게 나온다. 표현을 할 수 있을 때 더 많이 표현을 해주어야 아이도 엄마의 사랑을 더욱 더 진하게 느낄 수 있다.

워킹맘인 친구들과 아이들을 데리고 함께 만나면 유달리 아이들에게 "사랑해"라는 이야기를 많이 하는 것을 봤다. 그 아이들은 엄마의 진심어린 애정표현을 자주 듣고 자라서 낮 동안 엄마가 일을 하기 때문에 떨어져 있어도 불안해하지 않고 엄마와의 단단한 애착관계가 형성되어 성장하고 있는 모습을 보였다. 사랑한다고 이야기하고 뽀뽀를 하는 애정표현을 통해서 아이와 엄마의 유대관계가 한층 더 단단해지고 강화되기 때문이다.

딸과 많은 시간을 떨어져서 지내는 남편도 사랑해라는 표현을 잘 한다. 업무 중에 틈틈이 영상통화나 전화를 할 때마다 아이에게 사랑한다고 이야기 한다. 아이도 영상통화를 할 때에는 손으로 하트를 그려가면서 사랑한다고 이야기 한다. 아빠가 새벽에 출근하고 밤늦게 퇴근해서 아빠 얼굴은 일주일에 두세 번 밖에 못 보지만 아이는 아빠의 사랑을 가득 느끼며 자라고 있다.

당연히 사랑하는데 어색해서 표현하지 못하겠다고 할 것이 아니라 의식적으로 노력해보자. 사실 나도 무뚝뚝한 스타일이라서 '사랑해'라고 말을 할 때에 어색하고 쑥스럽기도 했다. 한창 불타오를 연애시절과 신혼 초에도 표현을 너무 안 해서 남편이 서운해 할 때도 많았다. 사랑해서 연애하고 사랑해서 결혼했는데 왜 굳이 말해야 하는지 이해가 되지 않았다. 유달리 애정표현을 많이 하는 사람들을 보면 이상해 보였고 오버하는 것처럼 보였다.

아이를 낳고 나니 자연스럽게 사랑한다는 말이 흘러나왔지만 둘째를 낳고 심신이 피곤하니 다시 무뚝뚝한 내 본성이 나와서 사랑해라는 말이 입에서 나오지 않았다. 그렇지만 의식적으로 노력하니 다시 자연스레 사랑한다는 말이 나왔다.

사랑도 표현을 해야 한다. 아이가 어릴 때 사랑한다는 말을 자주 하지 않는다면 나중에 커서도 그런 말을 하기 어색하고 부끄러울 것이다. 우리 부모님 역시 경상도 분이시라서 무뚝뚝하시다. 나에 대한 애정이 크신 것은 행동을 통해서 다 느낄 수 있다. 하지만 사랑한다는 이야기는 직접적으로 자주 하시지 않는다. 부모님은 행동으로 보여 주는 것이 더욱 중요하다고 생각하시고, 어색하고 부끄러워서 직접적으로 사랑한다고 표현을 못 하신 것이다. 그래서 나 또한 부모님께 '사랑합니다.'라는 이야기를 직접적으로 한 적이 거의 없고 직접적으로 하는 것은 괜스레 부끄럽다. 부모님께 사랑을 표현하고 싶을 때에는 편지에 글로써 사랑한다고 적어서 간접적으로 전달할 뿐이다. 사랑해라는 표현도 연습할수록 더 잘 할 수 있는 것 같다.

아이들은 엄마가 고프면 더 사랑한다는 표현을 받고 싶어 한다. 워킹맘의 경우 아이들과 떨어져 있는 물리적 시간이 긴 만큼 아이에게 자주 사랑한다고 이야기 해주는 것이 좋다고 생각한다. 회사는 가지만 너를 사랑하는 마음은 변함이 없다는 것을 표현해 주면 아이의 불안함을 조금이나마 잠재울 수 있지 않을까?

워킹맘인 내 친구는 일을 해서 아이와 떨어져 있는 시간이 길어 아이에게 미안해서 장난감을 많이 사준다. 그 친구의 집에 가보면 키즈카페와 다르지 않을 정도로 각종 장난감으로 꽉 들어차 있다. 장난감이 별로 없는 내 딸은 거기에 놀러 가면 무척 좋아한다. 하지만 이렇게 물질적으로 위로 받으면 나중에 더 큰 물질로 보상받고 싶어 하는 것이 아닐까 걱정이 되기도 한다.

나도 외출할 일이 있으면 혼자 외출한 것이 미안해서 마트에 들러서 아이의 간식거리 등을 사서 집에 돌아가곤 했다. 아이에게 미안해서 마트에 들르게 되면 아이 간식을 고르고, 아이 간식 사러 마트 간김에 다른 장까지 보느라 시간이 빼앗겨서 집에는 예상시간보다 더 늦게 도착한다. 집에서 아이는 목이 빠져라 엄마를 기다리고 있는데 미안해서 선물을 사들고 가려고 들린 마트에서 시간을 다 빼앗겨 버린 것이다. 마트에 들를 시간에 얼른 집에 갔으면 아이를 30분은 더 먼저 안아 줄 수 있었을 것이다.

장난감이나 간식 선물보다 어쩌면 아이들은 엄마랑 같이 30분 먼저 더 노는 것을, 30분 먼저 더 살을 부비고 싶었을지도 모른다. 물질적인 보상을 해주기 위해서 빼앗기는 시간을 아이에게 좀 더 집중해주는 것이 어떨까? 아이들은 물질적인 선물이 아니라 함께 보내는 시간을 선물 해주는 것을 더 환영할지도 모른다.

오늘 하루도 두 딸에게 사랑한다는 말을 더 많이 해주고, 두 팔 벌려 좀 더 아이들을 안아주어야겠다. 오늘 하루도 우리 두 딸이 엄마의 애정을 듬뿍 느낄 수 있는 애정이 충만한 하루로 만들어 주어야지.

육아는 양보다 질이다

나는 결혼 후 임신은 마음만 먹으면 쉽게 할 수 있을줄 알았다. 아이를 가지려고 몇 달을 노력해도 별다른 소식이 없어서 산부인과에서 정밀검사를 받았다. 여성호르몬 중 하나가 폐경기 직전 여성 수준까지 뚝 떨어져 있다고 했다. 난임 판정을 받은 것이다. 그럼에도 불구하고 산부인과 진료를 받고 2달 만에 자연 임신에 성공을 했다. 난임 판정을 받았는데 임신을 해서 행복했다. 틈이 날 때 마다 핸드폰으로 임신관련 정보를 찾기 시작했다. 임신했을 때 먹어도 되는 음식과 가려야 하는 음식도 철저히 지켰고, 임신했을 때 생활 수칙도 지켰다.

그 당시 민간사회복지관에서 사회복지사로 일을 하는 중이었다. 후원을 담당해서 후원품을 복지관으로 가져와야 하는 경우가 많았다. 특히 의류 후원이 많았는데 의류가 많이 든 봉지를 옮기는 것은 보통 일이 아니다. 임신초기에 무거운 것을 들면 안 된다고 하는데 그 무거운 후원품을 나르는 것이 쉽지 않았다. 동료들이 도와주기는 했지만 동료들이 일하는 시간을 빼앗아가면서 늘 도움을 요청하는 것도 죄송했다. 게다가 후원품이 대량으로 들어와서 조금 무리를 한다 싶으면 아랫배가 뭉치고 아파서 산부인과 진료를 가야했다. 난임 판정을 받고 얻은 아이라 혹시나 잘못될까봐 걱정이 되었다. 남편과 상의 끝에 퇴사하기로 했다.

퇴사 후 6개월 뒤 소중한 첫 딸을 출산했다. 조리원에서부터 우리 딸은 울음소리가 큰 것으로 유명했다. 신생아실에서 너무 크게 울어서 신생아실 선생님들이 번갈아 가면서 안아주셨다. 그렇게 안아주시다가 결국은 내 방으로 콜이 왔다. 엄마가 안아주면 좀 진정될 수 있을 것 같다고 모자동실을 잠깐 데려가는 것이 어떻겠냐고 하셨다. 아기가 너무 크게 울어서 다른 아기들을 깨워서 난감하셨던 것이다. 그래서 조리원에서도 하루에 몇 번씩 모자동실로 아이를 방으로 데려와서 안아주었다. 그 때부터 우리 아기는 흔히 말하는 등 센서 부착 아기가 되었다.

산후조리원 생활이 끝나고 친정에서 조리를 하는 기간에도 누워있지 않았다. 눈을 뜨고 놀 때에도 안겨있어야 했고 낮잠을 잘 때에도 안겨있어야 했다. 잠든 것 같아서 눕히면 갑자기 눈을 번쩍 뜨고 울었다. 바운서에 눕히면 잘 잔다고 했는데 바운서도 소용이 없었다. 그나마 밤에는 누워자는 것에 감사했다.

아이와 매일 거의 한 몸처럼 붙어 다녔다. 낮에는 아기를 안거나 업고 밥을 먹고 집안일을 했다. 아이가 낮잠 자면 소파에 기대어 앉아서 안고 있었다. 낮가림도 심해서 시댁이나 친정에 가도 내가 내내 안고 있었다. 그렇게 많이 안고 있어서 스킨십을 충분하다고 생각했다.

아이가 걷기 시작하자 아기가 안겨있는 시간이 줄었다. 걷기에 한창 재미를 붙일 때에는 안고 있으면 오히려 내려 달라고 발버둥 쳤다. 그러다 보니 아이와 스킨십이 확연히 줄었다는 생각이 들었다. 그 동안 스킨십이 충분했었는지에 대해서도 다시 생각해보게 되었다.

아이를 수유할 때에도 긴 수유시간이 지루해서 안고 수유를 하면서 눈은 TV
에 고정하고 있었다. 낮잠을 재우거나 잘 때에도 안고 TV를 보거나 스마트폰
으로 SNS를 하는 경우가 대부분 이었다. 몸만 붙어있었을 뿐이지 아이와 질적
으로 정서적인 교류는 많이 하지 않았던 것이다. 그 동안 나의 육아를 되돌아
보며 반성을 했다. 눈과 마음은 TV와 스마트폰에 빼앗겨있고 몸만 붙어 있는
육아가 과연 아이와의 애착관계 형성에 도움이 될까? 육아는 양보다 짧은 시간
이라도 진하게 아이와 진정으로 소통하는 워킹맘이 아이와 애착형성이 더 잘
될 것이다.

걷기 시작한 뒤 아이와 스킨십이 부족하다는 생각에 적극적으로 노력했다.
단 10분이라도 TV는 끄고 스마트폰은 멀리 치워버리고 아이와 눈을 마주치기
시작했다. 눈을 마주치며 놀아주고, 책도 읽어주고, 목욕하고 로션 바르며 마
사지도 해주고, 아이가 제일 좋아하는 간지럼 놀이도 했다. 적극적으로 놀아
줄 때마다 아이는 깔깔대며 행복한 웃음을 보여주었다. 아이랑 놀다가도 중간
중간 스마트폰에 카톡이 왔는지 확인하면서 놀아주었는데 스마트폰을 치우고
적극적으로 놀아주니 아이도 더 즐거워하는 모습을 보였다.

워킹맘인 내 친구는 집에 들어가면 연락이 잘 되지 않는다. 연락이 잘 안 되
서 답답하다고 했더니 집에 가면 낮 동안 떨어져 있었던 아들에게 집중해주고
싶어서 핸드폰을 잘 보지 않는다고 한다. 함께 있는 양은 부족하지만 누구보다
질적으로 훌륭하게 육아를 하고 있었던 것이다. 아이는 짧지만 진한 엄마의 사
랑을 듬뿍 받고 자라고 있다. 엄마의 복직으로 돌 무렵부터 어린이집에 다녔
데 초반에는 어린이집 가기 싫어했지만 요즘에는 어린이집에 가는 것도 즐거
워한다고 한다. 엄마의 진한 사랑표현에 애착이 잘 형성되어 어린이집에 가서
엄마와 잠시 떨어져 있더라도 저녁이 되면 다시 엄마와 만날 수 있다는 신뢰감

이 잘 형성되어서 그런 것이 아닐까?

엄마 껌딱지였던 우리 아이도 내가 TV, 스마트폰은 치우고 적극적으로 놀아 줬더니 나와의 정서적 유대감이 한층 강화된 것 같다. 내가 잠깐 외출하더라도 울지 않고 기다리고 돌아오면 함박웃음으로 맞이해준다. 아기에게 엄마가 잠깐 외출했지만 다시 올 것이라는 신뢰감이 형성되어 더 이상 울고 보채지 않는 것 같다.

아이와 질적인 스킨십을 해주는 시간 갖기를 실천할 때에'엄마를 위한 미움받을 용기'라는 책을 읽었다. 이 책을 읽으며 의식적으로 아이에게 '고마워'라는 이야기를 많이 해주었다. 고마워 라는 말이 아이에게 공헌감을 심어줄 수 있어 용기 부여에 도움이 된다고 한다. 우리 딸은 장보러 가면 꼭 하나는 자기가 들겠다고 한다. 장본 것 중 가벼운 것은 딸이 가지고 온다. 그런 딸에게 "엄마가 힘들까봐 우리 미린이가 장바구니 들어줬구나. 고마워."라고 이야기 해줬더니 의기양양한 모습으로 미소를 지어보였다. 나도 엄마를 위해 무언가 할 수 있다는 공헌감과 함께 아이의 자신감도 한층 성장했을 것이다.

'고마워'라는 말을 많이 했더니 어제는 딸이 안아달라고 해서 안아줬더니 "엄마 고마워"라고 이야기 했다. 뭐가 고맙냐고 물어봤는데 아직 말을 완벽하게 다 잘하는 것이 아니어서 그런지 계속 고맙다는 이야기만 했다. 그런데 아이에게 고맙다는 이야기를 들으니 행복했다. 어른들이 무언가 주거나 놀이터에서 친구가 놀이기구 타는 것을 양보할 때에 "고맙다고 이야기 해야겠지?"라고 시킬 때만 고마워 라고 이야기 했던 아이다. 시키지도 않았는데 고맙다는 이야기를 하니 그 이유는 모르겠지만 행복한 감정이 올라왔다.

워킹맘도 아이에게 '고마워'라는 이야기를 해주면 좋다는 생각이 든다. 부모교육에 참여했을 때 강사님께서 '모든 아이들은 부모를 기쁘게 해주려는 마음을 가지고 태어난다'라는 이야기를 들었다. 부모를 힘들게 하려고 태어난 아이는 아무도 없다는 것이다. 그런 마음을 가지고 태어난 아이에게 '고마워'라는 이야기를 해준다면 아이는 자기가 세상에서 가장 사랑하는 부모에게 무언가 할 수 있다는 생각에 행복할 것이다.

단 10분만 TV와 스마트폰 전원을 잠시 꺼두고 아이에게만 집중해서 스킨십하고 눈 맞추며 놀아주고, 아이에게 고맙다고 자주 표현하는 것은 분명 쉬운 일이다. 그 동안 나는 독박육아라서 힘들다는 핑계로 , 아이가 못 알아들을 것이라는 생각에 잘 하지 않았었다. TV와 스마트폰은 꺼버리고 아이에게만 집중해서 스킨십하고 눈 맞춤하며 놀아주고, 고맙다는 표현 자주하기를 실천했더니 아이가 더 많이 웃는다. 매일 만나던 동네 언니들도 "요즘에 미린이가 기분이 좋은 것 같아."라고 이야기 할 정도로 아이가 많이 웃었다.

요즘 둘째 케어 하느라 첫째에게는 집중을 못한 것 같다. 오늘은 스마트폰은 집에 두고 첫째와 손잡고 놀이터에 가서 신나게 놀아주고 와야겠다. 그리고 둘째에게는 첫째 때 잘 하지 못했던 수유할 때 눈 맞춤하기! 눈 맞춤이 얼마나 중요한 것인지 첫째의 육아를 통해 깨닫게 되었다. 둘째와 수유할 때에는 눈 맞춤하며 잘 먹는다고 응원도 해주면서 수유해야겠다.

워킹맘인 친구들이 아이와 함께 하는 시간이 적어서 속상하다는 이야기를 할 때가 많다. 워킹맘들도 아이와 함께 할 시간이 적다고 마음 아파하지 않으면 좋겠다. 육아는 양보다 질이라는 이야기를 꼭 해주고 싶다. 짧은 시간이더라고 아이에게만 집중해서 스킨십하며 눈 맞추고 아이에게 고맙다는 표현을 자주 하면 아이는 느낀다. 엄마가 얼마나 자기를 사랑하는지 온몸으로 느낀다. 사랑을 듬뿍 받는다는 느낌을 가지고 자란 아이는 당연히 엄마와의 애착형성이 좋을 수 밖에 없다. 육아는 양보다 질이다.

죄책감은 Good bye

　사회복지사로 일할 때 함께 했던 워킹맘 동료 사회복지사와 허심탄회하게
이야기를 한 적이 있었다. 내 동료는 워킹맘으로써의 삶의 힘듦을 토로 했다.
보통 아이를 어린이집에 보내고 출근을 한다. 하루는 반차를 쓰고 일찍 아이를
데리러 갔다고 한다. 이 동료의 딸은 보통 어린이집에서 가장 늦게 또는 끝에
서 두세 번째로 하원을 하는 경우가 많다고 한다. 그런데 일찍 데리러 갔더니
신발장에 있는 친구들의 신발을 보더니 "아직 친구들 신발 많이 있어."라고 이
야기하면서 뛸 듯이 기뻐했다고 한다. 아이가 표현을 안 해서 어린이집에서도
잘 지낸다고만 생각했는데 아이의 이런 반응을 보니 속상하다고 하셨다. 그 동
안 친구들이 엄마 손 잡고 먼저 하원 하는 모습을 뒤에서 물끄러미 쳐다보면서
내심 부러워했던 것이다. 아이가 아파서 어린이집을 가지 못하거나 아이의 하
원 후에 아이는 근처에 사는 친정어머니께서 돌봐주신다고 했다. 아이를 돌봐
주시는 친정어머니께서도 연로하시고 허리도 아프셔서 체력적으로 많이 힘들

어 하셔서 친정어머니께도 죄스러운 마음이 든다고 하셨다. 또한 사회복지관은 업무 특성상 야근이 많은데 내 아이의 일로 일찍 퇴근해야 할 때는 직장 상사에게도 눈치가 보이고 동료들에게도 미안하다며 힘들어하셨다. 죄책감에 쌓여서 힘들어 하는 동료의 모습을 보니 마음이 아팠다.

내 동료뿐만 아니라 주위의 워킹맘인 지인들은 대부분 이런 죄책감을 가지고 있었다. 출근할 때 아이가 울면서 매달리는데 매정하게 떼어놓고 출근 할 때, 밤새 열이 펄펄 끓는 아이를 놔두고 출근해야 할 때, 아이를 봐주시는 친정어머니나 시어머니가 힘들어 하시는 모습을 볼 때, 회사가 바빠서 다들 야근모드인데 아이 때문에 일찍 정시에 퇴근해야 할 때 등등 여러 가지가 일하는 엄마의 마음속에 죄책감으로 자리 잡고, 그 죄책감은 일하는 엄마를 죄인으로 만들어버린다.

특히 아이에게 큰 죄책감을 가지고 있었다. 아이가 아픈데 빨리 낫지 않으면 내가 일을 해서 그런 것이 아닐까? 라고 생각하고, 아이가 또래보다 작으면 또 일을 하는 본인의 탓으로 돌리곤 한다. 아이에게 작은 문제가 생기더라도 다 일하는 본인 때문에 그런 것이라고 규정하고 힘들어한다. 게다가 아이들에게 작은 문제라도 생기면 '이럴꺼면 왜 일을 시작했을까.'라는 생각으로 자기 자신을 몰아치는 경우도 많이 있다.

대부분 죄책감이 큰 워킹맘 친구들은 일과 육아를 둘 다 완벽하게 해내려는 마음의 부담을 잔뜩 안고 있었다. 흔히 말하는 슈퍼맘이 되려는 것이다. 이런 친구들은 마음의 부담을 조금 덜어냈으면 좋겠다. 이미 충분히 좋은 엄마라고 이야기 해주고 싶다. 완벽하지는 않지만 아이에게 최선을 다하는 엄마 아닌가! 전업맘인 나 역시 완벽한 엄마가 되지 못한다. 이 세상 그 누구도 완벽한 엄마는 없다. 최선을 다하는 엄마만 있을 뿐이다.

또한 엄마 스스로가 본인의 일을 좋아해서 행복한 모습을 보이는 엄마를 보고 자란 아이 역시 행복한 아이로 성장할 것이다. 아이를 잘 키우고 싶다면 전제되어야 할 것이 바로 '엄마의 행복'이기 때문이다.

나는 임신 4개월 때 퇴사를 해서 지금까지 쭉 전업맘으로 살고 있어서 워킹맘의 삶으로 살아보지는 않았다. 결혼하기 전에는 아이를 출산하고 나서도 계속 일을 하겠다고 생각했는데 임신 중 몸도 좋지 않았고 아이를 봐줄 사람이 없어서 결국에는 일을 포기했다. 아이가 좀 더 크면 꼭 다시 일을 해야겠다는 다짐을 수없이 해 왔다. 아이가 클수록 날이 갈수록 경력단절의 기간은 길어지고 불안감은 더욱 커져서 '다시 취업할 수 있을까?'라는 불안감이 다가왔다. 불안감이 커질수록 집에만 있는 내 모습에 우울해지고 워킹맘인 친구들이 부러웠다. 내 모습에 자신감이 없어지고 우울해 질수록 '아이 때문에 나 자신을 잃었다'라는 생각에 육아 스트레스도 극에 달했다. 육아스트레스가 높아질수록 별것 아닌 일에 아이에게 화를 내고 짜증을 내는 내 모습을 발견하게 되었다.

육아 중간에 시간을 쪼개서 '나 자신을 발전시키는 시간'을 가지기로 했다. 책도 읽고 공부도 하는 시간을 조금씩 보냈다. 듣고 싶은 강연이 있을 때에는 주말에 남편에게 아기를 맡겨 놓고 들으러 가기도 했다. 처음에는 아이를 떼어 놓고 가는 것이 남편에게도 눈치가 보이고, 괜히 내 욕심만 채우러 가는 것 같아서 아이에게 죄책감도 들었다. '육아나 열심히 하지 내가 꼭 이렇게 해야 할까? 괜히 허튼짓만 하는 것이 아닐까?'라는 생각도 들었다. 그런데 강연을 듣고 나면 항상 들으러 오길 잘했다는 생각이 들었고 행복했다. 강연에서 받은 좋은 에너지와 행복감을 가득 안고 집으로 왔다. 강연에서 받은 긍정적인 에너지로 육아스트레스에서 벗어나서 아이에게도 긍정적인 행동으로 대할 수 있었다. 이런 경험을 한 번, 두 번 하면서 육아를 잘 하려면 엄마의 행복이 전제되어야 한다는 것을 몸소 깨닫게 되었다.

그만큼 육아맘이든 전업맘이든 '엄마의 행복'이 육아에서 가장 중요한 것이다. 워킹맘들도 마음 속에서 죄책감은 덜어내고 '행복감'에 집중을 했으면 좋겠다. 당당하고 행복한 일하는 엄마의 뒷모습을 보고 자란 자녀들은 그런 일하는 엄마를 롤모델로 삼고 행복하게 성장 할 것이다.

오늘도 아이에게 행복한 모습을 더 많이 보여주려고 출근한 충분히 좋은 엄마인 워킹맘들을 응원한다.

제5장
엄마와 아이의
행복을 위하여

책 읽는 엄마

　첫째를 낳고 친정에서 100일까지 산후조리를 했다. 그 후에 서울로 올라왔다. 시댁과 친정이 모두 부산이라서 서울에는 육아를 도와줄 사람이 전혀 없었다. 남편도 새벽출근에 밤늦게 퇴근을 해서 그야말로 독박육아였다. 남편이 새벽에 출근해서 밤늦게 퇴근을 하니 하루 종일 사람 말소리를 들을 수 없었다. 사람 말소리를 들을 수 있는 것은 오직 TV뿐이었다. 아직 옹알이 밖에 못하는 아기와 하루 종일 집에만 있으려니 답답했다. 그 동안 케이블이 필요가 없어서 TV에 케이블 설치를 하지 않았다. 사람 말소리를 듣고 싶어 그 때에 집에 케이블을 설치했다. 그 때부터 하루 종일 TV를 틀어놓기 시작했다. 드라마 몰아보기부터 토크쇼까지 하루 종일 눈은 TV에 향해 있었다. 아이가 칭얼거리며 울때에도 안아 달래면서 TV를 보고, 낮잠 잘 때도 안고 TV를 보고 있었다. 수유를 할 때에도 시선은 TV를 향해 있었다. TV를 틀어놓으니 하루 종일 시간은 무료하지 않게 보낼 수 있었다. 그러던 어느 날 화장실을 잠깐 갔다왔는데 거실

바닥에 누워있던 아이가 멍하게 TV를 뚫어져라 보고 있는 것을 발견했다. 아이의 모습을 보니 아이도 성장하면서 나처럼 TV 중독이 될 것 같아서 두려웠다.

과도한 미디어 노출은 유사 발달 장애, 유사 자폐, 언어 장애, 사회성 결핍 등을 겪게 되는 정신 질환 인 비디오 증후군의 위험성이 있다고 한다. 따라서 미국소아과학회에서는 만 2세 미만의 아이에게는 텔레비전과 비디오 시청을 금하고 있다. 이러한 위험성을 알고 있었지만 내가 답답하고 아기가 어려서 아무것도 모른다고 생각해서 그냥 TV를 틀어놓고 지냈다.

그런데 아이가 TV를 멍하게 뚫어져라 보고 있는 모습을 보니 두려워졌다. 그 날부터 집에 TV를 껐다. 그 후로 TV를 일주일에 2~3시간 틀어 놓는 것이 전부였다. 하루 종일 틀어놓던 TV를 끄니 하루가 길고 무료해 졌다. 이때부터 책 읽기를 시작했다. 책을 싫어하는 스타일은 아니었지만 육아 때문에 시간이 없다고 책을 읽지 않고 지냈다. TV를 끄니 책에 손이 가기 시작했다. 아이가 잘 때 눕혀놓기에 성공하면 아이 옆에서 엎드려서 책을 읽고, 아이가 낮잠 잘 때 수유쿠션 위에 올려놓고 안고 책을 읽기도 했다. 아침에 아이보다 일찍 눈이 떠지면 TV를 켜서 하루를 맞이하는 것이 아니라 자는 아이 옆에서 누워서 책을 읽기 시작했다. 그 때부터 아이가 깨어 있을 때에는 아이를 무릎위에 앉혀놓고 책을 읽어주기 시작했다.

하루 종일 육아를 하다 보면 정말 시간이 안 가는 것처럼 느껴질 때가 많다. 책을 읽기 시작하니 무료했던 시간이 꽉 채워지는 느낌이었다. 그 때에는 육아가 제일 힘들어서 육아서위주로 읽었다. 아이 때문에 지치고 힘들 때에도 육아서를 읽으며 반성하고 육아서에 나온 내용을 실천해 보면서 지냈다. 육아서를 읽는 것이 힘든 육아에 응원을 해주는 든든한 지원군이 되었다. 육아서에서 조금씩 뻗어나가 자기계발, 소설, 심리학, 에세이 등에도 손이 가게 되었다. 혼자서 육아를 하면서 약한 산후우울증이 와서 입맛도 없고 무기력했었는데 책을 읽으면서 산후우울증에서도 서서히 벗어나는 느낌이 들었다. 산후우울증으로 무기력하게 하루하루를 보내고 있을 때 책을 통해 목표가 생겼다. 오늘은 여기까지 읽어야지, 다음 날은 여기까지 읽어야지 와 같은 작은 목표들이 생겼다. 목표가 생기니 육아 중 틈새 시간을 찾게 되고 그런 틈새 시간이 생기면 무기력하게 빈둥거리며 시간을 때우는 것이 아니라 책을 읽게 되었다. 그러다 보니 자연히 삶에 활기가 넘치게 되었다. 또한 내가 세운 작은 목표를 달성하는 경험이 쌓이다 보니 내 자신에 대한 자존감도 다시 향상 되었다, 이러한 경험을 하다 보니 내 아이도 책을 좋아하고, 책 읽기를 생활화했으면 좋겠다는 생각이 들었다.

그 때부터 아이와 놀아 줄 때에 아이에게도 책 읽어주기를 시작했다. 아이를 무릎위에 앉혀놓고 안아서 책을 읽어 주었다. 아이와 스킨십도 하면서 책도 읽어주니 일석이조의 효과가 있었다. 잘 울고 보채는 우리 딸이 책을 읽어줄 때에는 울지도 않고 잘 보았다. 처음에는 그냥 책에 있는 글을 줄줄줄 국어책 읽듯이 읽어주었다. 그러다가 아이가 반응을 하는 부분에서는 좀 더 오래 펼쳐놓고 그림을 보면서 그림과 관련된 이야기를 해주기 시작했다. 그림과 관련된 내 경험을 이야기 해주기도 하고, 그림에 대하여 내가 아는 지식을 총 동원해서 이야기 해주기도 했다. 코끼리 그림이 나오면 '코끼리 아저씨' 노래를 부르고, 토끼가 나오면 '산토끼' 노래를 부르는 등 내가 아는 동요와 그림을 연결시켜서 책을 읽어주면서 노래도 불러주었다. 노래를 불러주면 아이가 그림을 보면서 즐거워한다.

우리 딸은 장난감을 사줘도 하루 이틀 가지고 놀다가 금방 흥미를 잃어서 가지고 놀지 않는 것을 보고 장난감은 육아지원센터에서 대여를 하고 거의 사 주지 않았다. 대신 책을 사서 거실을 채워주었다. 그랬더니 마치 책을 장난감처럼 생각해서 가지고 놀듯이 꺼내서 보고 있는 것이다. 집안일을 하다가 조용해서 보면 책을 꺼내서 그림을 보고 있었다. 자기가 읽고 싶은 책이 있으면 나에게 가져와서 자연스럽게 무릎위에 앉기도 했다. 책을 읽어달라는 뜻이다.

그렇게 책 읽기를 생활화 하던 우리 딸은 지금도 여전히 책을 좋아한다. 낮에 놀다가도 앉아서 책을 보고 있고 가져와서 책을 읽어 달라고 하기도 한다. 책을 반복해서 읽어서 책 내용을 다 암기해서 책 내용을 바탕으로 역할극을 하기도 하고, 책과 관련된 노래를 수시로 불러줬더니 낮에 놀면서 노래를 흥얼거리기도 했다. 밤에 자기 전에는 자기가 읽고 싶은 책 4~5권을 골라서 침실로 간다.

책을 이렇게 좋아하고 많이 읽어서 그런지 내 딸은 언어적인 발달은 또래보다 빠른 것 같다. 29개월인 지금 문장으로 줄줄줄 이야기한다. 자기가 필요한 것이 있을 때에 울음으로 표현하기보다 대부분 말로 표현을 한다. 존댓말도 잘 사용해서 어른들에게 귀여움을 받기도 한다.

우리 부부는 과도한 사교육 열풍에 아이들이 힘들어 하는 것이 안타까웠다. 아이가 원하지 않을 경우에 학습과 관련된 사교육은 시키지 않을 계획이다. 사교육은 시키지 않지만 책 읽는 것을 좋아하는 아이로 키우고 싶다. 책을 읽어서 똑똑해 지기를 바라기 보다는 책 읽기가 생활화 되어서 자기의 꿈을 스스로 발견해 내어 성장 했으면 좋겠다.

나 역시 책을 읽으며 경력단절여성이라는 콤플렉스에서 벗어나 새로운 꿈을 찾아가고 있는 중이다. 퇴사를 하고 아이를 키우면서도 항상 다시 일을 하고 싶다는 생각이 마음 한 켠에 있었다. 하지만 아이를 좀 키우고 나서 재취업을 하면 퇴사한 뒤 4~5년이 훌쩍 지난 뒤인데 그 때 과연 나를 채용해줄 회사가 있을지 의문스러웠다. 나는 경력직이라서 보수는 많이 줘야 하지만, 그 동안 일을 쉬어서 일에 대한 감각은 신입과 마찬가지였다. 이제 갓 대학을 졸업한 사람들 보다 변화에도 빨리 적응하지 못하기도 할 것이다. 야근이 많은 직종이라서 어린 자녀가 있는 아줌마라는 것도 마이너스가 될 것이다. 내가 채용담당자이더라도 나 보다는 대학을 갓 졸업한 사람을 채용할 것 같았다. 아이가 커 가는 모습을 하루하루 내 눈에 직접 담을 수 있다는 점은 행복했지만 경력단절여성이라는 꼬리표가 항상 마음 한켠을 무겁게 짓누르고 있었다.

그런데 책을 읽으면서 조금씩 새로운 꿈을 찾아가고 있다. 아이에게 책을 읽어주면서, 내가 책을 읽으면서 책이 얼마나 중요한 것인지 몸소 깨닫게 되면서 아동독서지도사에 관심이 생겼다. 조금씩 관련된 책도 읽고 강의도 들으면서 공부하고 있다.

또한 책을 읽으면서 작가에 대해서도 관심이 가지게 되었다. 나도 내 이름 석자를 걸고 책을 내고 싶었고 나처럼 육아에 지친 엄마들에게 힘이 되는 책을 써서 작은 도움이라도 주고 싶었다. 그러한 소망이 생겨 나같이 평범한 아줌마가 이렇게 책 쓰기를 시작하게 된 것이다.

책은 나 자신 뿐만 아니라 아이에게도 큰 도움이 되는 것이 분명하다. 책 읽는 것을 좋아하는 아이로 키우기 위해서는 엄마가 먼저 책을 읽는 모습을 보여줘야 한다는 것은 모든 육아서에서 강조하는 내용이다. 아이에게 책이 중요하다고 책을 읽으라고 말로 하면 그것은 잔소리에 지나지 않는다. 나도 학창시절 공부를 막 하려고 했는데 엄마가 공부하라고 이야기 하면 하기 싫어졌다. 엄마는 책을 읽지 않으면서 책을 읽으라고 잔소리만 한다면 책을 싫어하는 아이로 성장할 뿐이다. 엄마가 책을 가까이 하는 것을 보며 자란 아이는 책이 그냥 일상이고, 장난감처럼 즐거운 것으로 생각하게 된다. 한창 어른들 모습을 흉내 내기 좋아하는 우리 딸도 내가 책을 읽고 있으면 자기도 책을 들고 와서 열심히 그림을 보곤 한다. 이제 겨우 5개월인 동생에게도 책을 펼쳐 놓고 "이거 코끼리, 이거 토끼"라고 책을 읽어 주는 모습도 보인다. 신기한 것은 이제 5개월밖에 안 된 둘째도 언니가 그렇게 책을 읽어주면 동그랗게 눈을 말똥말똥 뜨고 책을 집중해서 보고 있는 것이다.

나는 몇 년 뒤에 두 딸과 함께 주말에 향긋한 커피향이 감도는 카페에서 함께 책을 읽는 모습을 상상하곤 한다. 그 상상만으로도 기분이 좋다. 책 읽는 엄마로 하루하루를 채워나간다면 그 상상이 곧 현실이 되리라는 것을 믿고 있다. 오늘도 책 읽는 엄마로 한 발 더 성장해 나가야겠다.

성장하는 엄마

첫째를 낳고 난 뒤 약한 산후우울증이 찾아왔다. 거울 속에 비친 나는 아기가 한시도 떨어져 있지 않으려 해서 제대로 감지 못해서 떡진 머리, 화장기 하나 없는 푸석푸석한 얼굴, 아이가 잡아당겨서 다 늘어난 티셔츠 차림 이었다. 그런 초췌한 나의 모습을 보니 우울해 졌다. 육아를 하다가 아무런 이유 없이 눈물이 터져 나오기도 했고 입맛이 없어서 끼니를 건너뛸 때가 많았다. 출근한 남편에게 전화해서 아무래도 산후우울증인 것 같다고 이야기하며 엉엉 운적도 있었다. 평소에 긍정적인 마인드를 갖고 있다고 자부하던 내가 우울증이 올 줄은 꿈에도 몰랐다.

매일 매일 TV리모컨만 잡고 살다가 아직 돌도 안 된 아기가 멍 때리면서 TV를 보는 모습을 보면서 TV를 끄고 생활하기 시작했다. TV를 끄니 더 무료해졌다. 그 무료한 시간에 임신했을 때부터 간간히 읽어오던 책을 펼치기 시작했다. 책을 읽다보니 '오늘은 여기까지 읽어야지'라는 작은 목표가 생겼고 그 목표를 실천하다 보니 삶이 좀 더 활기 찬 느낌이 들었다. 그러는 동안 산후우울증은 내 안에서 이미 사라져 버렸다.

첫째가 첫 돌이 지난 뒤 '나만의 시간'의 중요성을 깨닫게 되었다. 나만의 시간을 가지고 싶어서 아이의 생활패턴을 분석했다. 워낙 잠이 없는 아이라 낮잠시간에 나만의 시간을 가지려면 못 가지는 날이 많았다. 게다가 낮잠시간에는 내가 옆에 있어야만 잠을 잘 잤다. 내가 자리를 비우면 금방 깨버리기 일쑤였다. 처음에는 재워놓고 밤에 나만의 시간을 가지려고 했다. 밤에 가지려고 했더니 아이가 빨리 잠이 안 들고 한 시간, 두 시간씩 침대 위를 뛰어다니면서 안 자고 버티면 아이에게 소리를 질렀다. 빨리 자야 내가 나만의 시간을 가질 수 있을 텐데 안 자고 버티니 화가 난 것이다. 피곤할 때에는 아이를 재우다가 내가 먼저 잠들어버리기 일쑤였다. 그래서 새벽에 나만의 시간을 가지기로 했다. 혹시나 아이가 자다가 뒤척이면 같이 자고 있던 남편이 아이를 토닥여 줄 수 있어서 혼자 시간을 보내기가 마음이 편했다. 남편이 매일 아침에 7시도 안 되서 출근을 해서 자느라 배웅도 못해줬는데 새벽시간에 일찍 일어나니 남편 배웅도 해줄 수 있었다.

새벽 6시에 일어나서 하루를 시작했다. 샤워를 하고 식탁에 앉아서 책을 읽고, 독서노트 작성도 하고, 블로그에 서평을 남기기도 하고, 강연을 듣고 온 다음날이면 강연 후기를 쓰기도 했다. 그리고 아동독서지도사 동영상 강의도 듣고, 영어공부도 다시 시작했다. 매일 조금씩 다르지만 계획을 짜서 '나만의 새벽 시간'을 보내기 시작한 것이다.

이렇게 시간을 보내기 시작하니 하루를 좀 더 긍정적으로 시작할 수 있었다. 나만의 시간 없이 육아에만 빠져서 허우적거릴 때에는 대학 4년 동안 공부하고, 현장에서 5년 동안 쌓아온 경력을 육아 때문에 포기했다는 생각에 우울했다. 거울에 비친 초췌한 내 모습을 볼 때마다 속상해졌다. 육아에는 눈꼽 만큼도 관심이 없고 도와주지도 않는 남편에게는 화가 나고 원망만하기 일쑤였다. 그런데 나 자산을 돌보는 시간을 의식적으로 만들기 시작하자 내 마음을 들여다보는 시간도 가지게 되었고, 내가 하고 싶은 일이 무엇인지 생각도 하게 되었고, 아이에게도 좀 더 너그러운 시선과 여유로운 마음으로 대할 수 있었다.

주말에는 저자 강연회나 듣고 싶은 강연회가 있으면 찾아가서 듣기 시작했다. 첫째 딸과 동석이 되는 경우에는 딸을 데리고 가기도 하고, 남편이 주말에 출근하지 않을 때는 남편에게 부탁해 맡겨놓고 다녀오기도 했다. 부모교육은 남편과 함께 듣는 것이 좋을 것 같아서 남편과 딸과 다 함께 참여한 적도 있었다.

나는 이런 강연회를 다녀오면 특하나 활력이 넘치는 것을 느끼게 되었다. 강연회를 통해서 얻은 긍정적인 에너지가 내가 조금 더 성장하는데 디딤돌이 될 뿐만 아니라 내 자신이 성장하는 가운데 육아스트레스도 해소되어서 딸에게 좀 더 긍정적인 말투로, 긍정적 육아를 할 수 있었다. 내 딸에게도 그 긍정적인 기운이 고스란히 전해졌을 것이다.

둘째를 임신했을 때 둘째도 딸이라는 것을 알게 된 뒤부터 나만의 시간을 더욱더 열심히 실천 했다. '자녀는 부모의 뒷모습을 보고 자란다.'라는 말이 있다. 그만큼 부모의 행동은 아이들에게 본보기가 된다는 것이다. 특히 딸은 엄마의 모습을 더욱더 닮는 경향이 있다. 나는 '두 딸의 인생 롤모델이 되고 싶다'는 욕심이 있다. 긍정적인 엄마, 꿈이 있는 엄마, 매일 공부와 독서를 즐기는 엄마, 나날이 성장하는 엄마의 모습을 직접 실천해 나가며 보여주고 싶다. 그런 모습을 보여 주어 두 딸에게 "엄마가 내 인생의 롤모델이야."또는 "엄마가 내 인생의 멘토야." 라는 이야기를 듣는다면 더할 나위 없이 행복하고 황홀할 것 같다.

그래서 둘째가 딸인 것을 알게 되었을 때부터 좀 더 치열하게 새벽시간을 활용했다. 새벽에 필사도 시작했다. 만삭 때 언제 출산을 할지 몰라서 친정에 와 있을 때도 남산만한 배로 숨쉬기도 힘든데 매일 새벽마다 자고 있는 딸 옆에 작은 상을 펴놓고 필사, 기록, 독서를 하는 내 모습을 보고 친정엄마가 정말 독하다고 할 정도였다. 출산 가방 안에는 가볍게 읽을 수 있는 책도 한 권과 기록을 할 수 있는 노트를 챙겨 넣어서 가져가기도 했다.

둘째를 낳고 나서 두어 달은 나만의 시간을 가지지 못했다. 밤중 수유를 해야 하는 시기인데다 유축수유를 하고 있어서 밤낮 할 것 없이 3~4시간에 한 번씩 유축을 해야 해서 피로가 쌓여 있었다. 게다가 첫째는 낮잠을 안자고 버티고, 둘째는 낮에는 내내 자다가 밤만 되면 눈이 말똥말똥 해져서 거의 하루 종일 잠을 잘 수가 없었다. 산후조리기간이라 친정 부모님이 도와주시는데도 불구하고 잠을 못 자서 체력이 뚝뚝 떨어졌고 아이들을 케어 하느라 새벽에 한두 시간씩 뚝 떼어내어 나만의 시간을 가지기란 쉽지 않았다. 그런데 나만의 시간을 가지지 않으니 또 다시 삶의 활력이 없어지는 것을 느끼기 시작했다. 그래서 나만의 시간을 따로 가지지는 못하지만 멍 때리면서 유축을 하는 시간에 독서대를 활용해서 유축을 하면서 책을 읽기 시작했다. 한번에 30분씩 하루에 평균 7번씩 유축을 하고 있어서 3시간 30분은 유축에 사용하고 있었다. 그 시간에 책을 읽기 시작하니 꽤 많은 책을 읽을 수가 있었다.

둘째딸을 낳고 80일이 다 되어갈 무렵 아기가 갑자기 직수를 하기 시작했다. 유축하고 유축 한 모유 중탕하고 젖병과 유축 깔대기 씻고 열탕소독하고 일이 너무 많았는데 직수를 하기 시작하니 일거리가 확 줄었다. 게다가 밤에도 3시간마다 깨던 아기가 밤에 5~6 시간씩 푹 자고, 한두 번 정도만 깨서 먹기 시작했다. 그 때부터 새벽에 나만의 시간을 조금씩 가질 수 있었다. 지금 쓰고 있는 이 책도 새벽의 나만의 시간에 쓴 글들이다.

육아는 매일 반복되는 일상의 연속이다. 자칫하면 육아에 파묻혀서 나 자신은 잃어버릴 수도 있다. 하지만 아이를 잘 키우기 위해서, 육아를 잘 하기 위해서는 나 자신을 돌보는 것이 선행되어야 한다. 행복한 엄마가 행복한 아이로 양육할 수 있기 때문이다.

바쁜 육아 중 틈새 시간을 활용해서 꼭 나만의 시간을 가지길 권한다. 엄마가 나 자신을 찾는 노력을 지속해야 젊고 긍정적인 기운으로 아이를 키울 수 있기 때문이다. 여러 강연회를 다니면서 틈새 자기계발을 열심히 하는 주부들을 많이 만났다. 틈새시간을 이용해서 책도 열심히 읽고, 운동도 하고, 공부도 하는 엄마들 이었다. 그 중에는 워킹맘들도 있었고, 나와 같은 전업맘들도 있었다. 사는 곳도 다르고, 직업도 다르고, 외모도 다르고, 나이도 다 달랐지만 그들에게 공통점이 있었다. 항상 감사하며 살아가고 긍정적인 마인드를 가지고 있다는 것이다. 눈빛은 반짝거렸고 얼굴에는 생기와 미소가 넘쳤다. 특히 꿈에 대한 이야기를 나눌 때에는 더욱더 얼굴에 생기가 돌고 자신 있고 확신에 찬 말투로 이야기를 했다. 그래서 그분들과 이야기를 나누고 돌아오면 나의 내면에도 긍정적인 기운이 넘쳐흘렀다.

육아 중 처음에 '나만의 시간'을 가져야겠다고 생각했을 때에는 '아이에게나 집중할 시간에 괜한 짓 하는 것이 아닐까?'라는 생각을 가지기도 했다. 하지만 '나만의 시간'을 가질수록 아이를 양육할 때 좀 더 긍정적인 태도로 임한다는 것을 깨닫게 되었다. 사실 나는 경력단절여성이라는 핸디캡을 가지고 있고 그것으로 인해 불안해하고 있었다. 두 아이를 어린이집에 다니기 전까지 키우고 나면 경력단절의 시기가 5~6년이 되는데 과연 사회에서 날 받아 줄 것인가? 아이를 키우고 있는 엄마라서 이것이 채용 시에 마이너스가 되지는 않을까? 라는 불안감에 항상 사로잡혀 있었다. 나 자신을 관리하는 시간을 가지면서 지금은 잠깐 내 소중한 아이들이 커가는 것을 바로 옆에서 지켜보는 소중한 시간이라는 것을 깨닫게 되었다. 더 높이뛰기 위해서 지금 잠시 움츠려 있는 시간이라는 것을 깨달았다. 엄마라는 경력을 쌓으며, 내 자신과 인생 2막을 위해 준비하는 시간을 가짐으로써 더 높이 더 멀리 뛰어 오를 수 있을 것이라 믿는다.

오늘도 잠든 두 딸 옆에서 글을 쓰고, 책을 읽으며 내 삶에 활력을 불어넣고 있다. 엄마들에게는 그 무엇보다 '나만의 시간'이 꼭 필요하다.

꿈이 있는 엄마

고등학교 3학년 때 내 꿈은 특수교육학과에 진학해서 장애 학교 특수교사가 되는 것이었다. 부끄럽지만 사실 별 다른 소명감이 있어서 생긴 꿈은 아니었다. 언론에서 대학을 졸업해도 취업이 힘든 시기라고 하길래 졸업 후 유망한 직종을 찾다보니 특수교육이 유망하다는 것을 알게 되었고, 특수교사는 교사이기 때문에 노후도 보장되고 좋을 것 같다는 생각에 희망하게 되었다. 하지만 수능을 엉망진창으로 망치게 되었다. 특수교육학과는 사범계열이라 성적 커트라인이 높았는데 내 성적은 거기에 미치지 못하는 것이었다. 낙담하는 나에게 엄마가 특수교육도 크게 보면 사회복지의 한 분야이니 사회복지학과에 지원해 보는 것이 어떻겠냐고 제안을 하셨다. 엄마의 제안을 받고 생각해보니 사회복지학과도 좋을 것 같다는 생각에 지원했고 합격을 했다.

사회복지학과에 입학하고 한 학기만 다녀보고 재수를 할 생각이었다. 1학년

1학기 때 사회복지개론 수업을 들었는데 너무 재미있는 것이었다. 사회복지학이 재미있어서 반수는 포기하고 쭉 학교를 다니기 시작했다. 사회복지 전공 수업들은 재미있었고, 봉사활동과 실습도 즐거웠다. 4년 내내 즐겁고 재미있게 대학교 생활을 했다. 대학 졸업 후에는 서울에 있는 2개의 종합복지관에서 사회복지사로 5년 동안 일을 했다. 사회생활이 처음이라 힘들 때도 있고, 타지에서 혼자서 자취를 하며 일하는 것이 힘들어서 울 때도 있었지만 돌이켜 보면 즐거운 일이 더 많았다. 특히 고등학생 봉사단을 담당 할 때 스승의 날에 아이들이 감사하다고 예쁜 편지를 적어서 보내주고, 감사하다는 핸드폰 문자메시지를 받을 때에 그 행복감을 이루 표현할 수 없을 정도였다. 복지관을 이용하시는 분들이 고맙다고 이야기를 해 주실 때에는 내 일에 대하여 자부심을 느꼈다. 내 일이 정말 좋았다.

그렇게 사회복지사로 일을 하다가 결혼을 했다. 결혼을 하고서도 계속 일을 했다. 결혼을 한 뒤 6개월 후에 임신을 했다. 난임 판정을 받고 산부인과 검진을 받아가며 힘들게 임신을 했던 터라 임신기간 내내 안정이 필요했다. 그 당시 후원 담당자라 몸을 쓰는 일이 너무 많아서 고심 끝에 퇴사를 결심했다. 출산 후에도 시댁과 친정이 모두 부산이라서 아이를 맡길 수 있는 상황도 아니었기에 퇴사는 불가피한 상황이었다.

퇴사를 하고 나니 시간이 너무나 많았다. 아침상 차리고 신랑이 출근하고 나면 설거지 하고 청소를 휘리릭 하고 나면 겨우 아침 8시였다. 임산부 요가 가는 것 외에는 별달리 할 일도 없었다. 서울에 있는 친구들은 모두 회사에 다니고 있어서 낮에는 나랑 같이 놀아줄 친구가 없었다. 친정도 부산이라서 친정에 놀러 갈 수도 없었다. 집 근처에 도서관이 두 개나 있어서 걷기 운동 삼아서 도서관을 다니며 책을 읽기 시작했다. 이제 곧 아이를 출산하니 육아책 위주로 읽기 시작했는데 육아책을 읽으면서 '책육아'를 알게 되었고 나도 내 아이를 책을 좋아하는 아이로 키우고 싶다는 막연한 생각을 가지게 되었다.

시간이 흘러 출산을 했다. 아이가 커가는 모습을 보는 것이 예쁘고, 감격스럽기도 했다. 하지만 너무 힘들었다. 특히 첫째는 유축수유를 해서 더 힘들었다. 유축을 해서 젖병에 옮겨 담아서 중탕해서 먹이고 다 먹고 나면 젖병 소독하고 또 유축하고…계속 반복되는 일상에 몸은 지쳐갔다. 모유가 새어나와서 하루에도 몇 번씩 옷을 갈아입어야 했고, 심심하면 젖몸살이 찾아와서 괴롭혔다. 엄마 껌딱지인 아이와 하루 종일 씨름 하다가 머리도 제때 감지 못해서 지루성 두피염이 왔는데, 산후탈모까지 이어져서 머리숱이 반 토막 났다. 아이가 잡아당겨서 목이 늘어난 티셔츠와 무릎이 나온 트레이닝복 바지가 나의 일상복이 된지 오래였다. 임신 전에는 항상 여성스러운 스타일의 원피스에 힐만 고집하던 나였었는데 거울을 볼 때마다 슬펐다.

매일 이렇게 살다가 재취업도 못하고 아이만 키우다가 끝날 것 같다는 불안감도 엄습해왔다. 아이를 좀 키우다가 다시 취업하고 싶은데 경력단절여성인데다가 아이가 있는 엄마인 나를 과연 채용을 해 줄 것인가라는 생각이 들었다. 내가 채용담당자이더라도 나보다는 갓 대학 졸업한 사람을 채용할 것 이다. 경력단절 기간이 길어서 현장에 대한 감은 이미 없어져서 신입과 마찬가지인데 경력이 있어서 대학을 갓 졸업한 사람들보다 보수는 높으니 당연히 꺼릴 것 이다. 그런 불안감과 마주할 때쯤 아이가 나와 같이 멍한 눈동자로 TV만 보고 있음을 깨닫고 하루 종일 틀어 놓았던 TV를 끄고 책과 다시 마주 하게 되었다.

임신했을 때는 막연히 아이를 '책 좋아하는 아이로 키워야겠다.'라는 생각이 책을 읽으며 구체적이 되었다. 책 육아, 독서지도에 관한 책을 읽으며 아동독서지도사라는 것이 있다는 것을 알게 되었다. 아동독서지도사는 동영상으로 수강을 할 수 있어서 아이가 낮잠을 잘 때 한 강의씩 들었다. 한 강의가 30분 내로 짧아서 아이가 낮잠을 길게 자면 2강, 짧게 자면 1강 정도는 들을 수 있었다. 아이는 내가 옆에 없으면 낮잠을 자더라도 금방 깨버리는데 컴퓨터가 아니라 태블릿으로도 들을 수 있어서 가능했다. 아동독서지도사 공부를 처음 시작할 때에는 내 아이 독서지도에 도움이 될까 해서 들었는데 들을수록 아동독서지도사가 되고 싶다는 생각이 강하게 들었다. 특히 나는 아동독서지도 보다 아이들과 많은 시간을 보내는 엄마들이 집에서 어떻게 아동독서지도를 해야 하는지, 왜 책이 아이들에게 중요한지 알려주는 역할을 하고 싶었다. 요즘 아이들은 과도한 사교육에 몸살을 앓고 있다. 이런 과도한 사교육을 잠재워 줄 수 있는 것이 책이 될 수 있을 것 같다는 생각이 강하게 들었다.

　행복한 엄마가 되기 위해서 매일 가지게 된 '나만의 시간'에 책 읽고, 필사하고, 독서노트를 작성하면서 엄마들이 왜 틈새 시간에 자기 자신을 돌보고 자기 자신을 계발해야 하는 것도 몸소 느끼게 되었다. 엄마가 꿈을 가지고 노력하고 이루어가는 과정을 자녀들에게 보여주는 것은 중요하다. 스스로 성장하고 발전하기 위해 노력하는 엄마의 모습은 아이에게 최고의 롤모델이 될 수 있기 때문이다. 그 뿐만 아니라 꿈을 가지고 노력하다 보면 내 자신에 대한 자존감이 높아져 육아도 더욱 긍정적인 방향으로 흘러간다.

　나 자신을 돌보지 않고 방치 하였을 때 나는 육아를 하면서도 눈과 귀는 TV에만 머물러 있었다. 우리 집 TV는 내가 깨서 잠들 때까지 항상 켜져 있었다. 마음에는 우울감과 불안감과 미움만 가득했다. 혼자서 하는 독박육아가 너무 힘들었고, 육아의 끝은 보이지 않았고, 이대로 육아만 하다가 늙어버릴 것만 같았다. 게다가 혼자 육아로 끙끙대는데 남편은 도와주지도 않고 아침마다 출근한다고 씻고 깔끔한 옷으로 단정히 갈아입고 출근하는 모습도 미워보였다. 나는 혼자서 집에서 후줄근한 차림으로 육아하느라 지쳐가는데 남편의 일상은 아이가 태어난 전과 후가 아무런 변화가 없어 보여서 괜히 심술이 나고 화가 났다. 남편은 회사도 그대로 다니고, 회식도 그대로 하고, 나는 샤워도 매일 못하는데 남편은 샤워도 매일하고, 아파도 모유수유 때문에 약도 못 먹고 버텨야 하고 모든 것이 불만투성이였다. 그 때는 내 속으로 낳아서 아이가 예쁘긴 했지만 내 발목을 잡는 것 같아 힘들었다.

나 자신을 되돌아보기 위해 책도 읽고, 공부도 하고, 스스로에 대하여 계속 질문도 던지면서 서서히 아동독서지도사, 작가, 강연가, 엄마들을 위한 북큐레이터라는 꿈을 가지게 되었다. 그 동안 사회복지사로써 한 우물만 파던 내가 더 넓은 시각을 가지게 된 것이다. 아마도 아이를 낳지 않았다면 여전히 사회복지 한 우물만 파고 있었을 것이다. 아동독서지도나 글을 쓴다거나 강연을 한다는 등의 꿈은 전혀 꾸지 못했을 것이다. 다시 생각해 보면 아이가 내 발목을 붙잡은 것이 아니라 더 넓은 세상을 향한 시야를 넓혀 준 것이다. 나의 두 딸에게 진심으로 고맙다. 두 딸이 아니었으면 이 책 쓸 엄두조차 내지 못했을 것이다. 나의 사랑스러운 두 딸이 내가 새로운 인생 2막에 나아갈 수 있도록 해준 것이다.

지금은 100세 시대이다. 아이에게 주는 시간은 고작 해봐야 10년에서 길게는 20년이다. 우리 인생에서 20%도 되지 않는 짧은 시간이다. 아이를 키우고 나서도 나에게는 50~60년의 시간이 있다. 그렇게 우리의 인생은 길기 때문에 조급해 할 필요가 없다. 아이를 키우면서 나 자신을 돌아보며 꿈을 찾아가면 되는 것이다. 아이를 키우면서 한 발짝 물러나서 여유로운 마음으로 나 자신을 바라보면 내 인생 제 2막을 어떻게 꾸려나갈 것인가에 대한 꿈을 찾을 수 있다.

나도 아이를 키우면서 새로운 꿈에 대한 눈을 뜰 수 있었기 때문이다.

오늘도 엄마경력이라는 최고의 스펙을 쌓아가고 있다. 이 엄마 경력은 아무나 가질 수 없다. 아이를 키우는 엄마들만이 가질 수 있는 것이다. 엄마의 삶에서 얻은 삶의 지혜와 경험들이 인생 제 2막을 준비하는 초석이 될 것이다.

나도 엄마 경력이라는 최고의 스펙과 육아 중 단비와 같이 나만의 시간들로 내 꿈을 향하여 친친히 다가가고자 한다. 꿈을 향해 뚜벅뚜벅 걸어가는 내 모습을 보며 내 딸들도 스스로 꿈을 찾고 꿈을 이뤄나가기 위해 노력하는 사람으로 성장할 것이다. 새로운 꿈을 찾게 해준 우리 두 딸에게 진심으로 감사하다.

함께 성장하는 육아

내 첫째 딸은 소위 말하는 엄마 껌딱지에 등센서가 발달한 아기였다. 아빠도 거부하고 무조건 엄마하고만 붙어 있으려고 해서 남편에게 잠깐 맡겨놓고 샤워라도 하려고 하면 문 앞에서 나올 때 까지 서럽게 울었다. 시댁이나 친정에 가면 항상 나에게 안겨있거나 업혀 있으려고 했다. 오랜만에 오매불망 기다리던 손녀가 왔는데 어른들은 아기를 한 번 안아보지도 못하고 엄마에게 안겨있는 손녀를 쳐다 볼 수 밖에 없었다. 9개월까지는 낮잠은 누워서 자려고 하지 않고 안겨서만 자려고 하고, 깊이 잠든 것 같아서 살짝 눕히면 바로 알아차리고 또 울었다. 우리 아기는 왜 이렇게 예민할까? 라는 생각에 매일 한숨만 쉬었다. 한 번은 스트레스와 산후우울증이 극에 치달아서 출근한 남편에게 '미쳐버릴 것 같다. 아기 버려두고 도망가고 싶다.'라는 문자를 보내기도 했다.

계속 이대로 가면 안 될 것 같은데 시댁과 친정은 다 부산에 있어서 도움을 받을 길도 없었다. 그러다가 돌파구로 찾은 것이 바로 책이었다. 대학교에 다닐 때부터 힘들거나 나태해졌을 때에 자기계발서를 읽고 마음을 다 잡았던 적이 많아서 육아에 지친 나는 육아서를 집어 들고 읽었다. 이런 저런 육아서를 틈틈이 읽었더니 아이는 금방 커버리고 나중에 크면 안아주는 것도 싫어하니 안아 달라고 할 때 많이 안아주라고 했다. 그리고 아이의 단점을 장점으로 봐주라고 했다.

그래서 많이 안아주려고 노력했다. 하지만 아이의 단점을 장점으로 보는 것은 쉽지가 않았다. 온라인 독서모임에 참여하면서 책도 더 많이 읽게 되고, 온라인 독서모임의 미션으로 아이의 단점을 장점으로 생각할 기회가 생겨서 다시 생각해보게 되었다. 까칠하고 예민한 것은 그만큼 주위 반응에 민감하기에 세심하고 섬세한 장점이 있었다. 나는 덜렁거리는 성격 탓에 물건도 잘 잃어버리고 실수도 많이 하는 편인데 내 딸은 세심하고 섬세하여 그럴 염려는 없을 것 같았다. 그리고 고집불통인 것도 자세히 들여다보니 이면에 끈기와 승부욕이 있었다. 부엌 서랍을 다 열어서 물건을 끄집어내기가 반복되어 칼이나 가위 같은 위험한 주방기구가 들어 있는 서랍에 잠금장치를 설치했다. 한두 번 시도해보고 안되면 포기할 법도 한데 안 되니 울면서 다시 시도 했다. 장난감과 책을 가지고 놀길래 이제 포기했나보다 했는데 다시 와서 또 시도 하고 며칠 내내 포기를 모르고 시도를 했다. 초반에만 열의에 불타오르다가 금방 사그라드는 내 성격에 비하면 내 딸은 끈기가 있는 편이었다. 나의 조그만 인식변화로 인해 나를 힘들게 하려고 태어난 것만 같던 내 딸이 더 예뻐 보이기 시작했다.

엄마의 무조건적인 사랑을 받고 자란 우리 딸은 엄마와의 애착관계가 잘 형성 되어 웃음근육이 탄탄한 아이로 성장하고 있다. 엄마가 볼 일이 있어서 외출하더라도 돌아올 것이라는 신뢰감이 있다. 내가 외출을 해도 울지 않고 놀면서 기다리다가 돌아오면 웃으면서 현관으로 달려와 쏙 안긴다.

육아는 그렇게 내가 딸을 키우고 성장시키는 것이라고만 생각했는데 육아를 통해서 한 뼘 정도 더 성장한 나 자신을 볼 수 있었다. 이기적인 내가 무조건적인 사랑을 배워가고 있었고, 단점을 장점으로 보는 눈을 키워가고 있었고, 아이의 성장과정을 하나씩 눈에 새겨가며 말로 표현할 수 없을 정도의 벅찬 감동을 느끼고 있었다. 가장 큰 성장은 나 자신을 스스로 되돌아보는 눈을 뜨게 된 점이다.

독박육아를 하면서 나는 아이가 커 가는 과정을 하나, 하나 다 내 눈에 담을 수 있어서 행복하다고 말하면서도 경력단절로 인한 불안감, 열등감, 우울함을 내면에 가지고 있었다. 나를 괴롭히던 불안감, 열등감, 우울함이 나를 독서로 이끌어 주었기에 독서를 시작하게 되었다. 독서와 함께 자기계발도 시작하게 되었고 새로운 꿈도 가지게 되어 지금은 오히려 나의 내면의 불안감, 열등감, 우울함에 감사하다.

나는 아동독서지도사, 작가, 강연가, 엄마들을 위한 북큐레이터라는 새로운 분야의 꿈을 가지고 관련 분야의 책도 읽고 공부도 하고 있다. 사실 나는 끈기가 부족한 스타일이다. 무슨 일을 시작하면 초기에만 열의에 불타올라서 열심히 하다가 포기하기 일쑤이다. 학창시절에 나는 학기초에만 열심히 형형색색의 볼펜으로 필기해가면서 열심히 공부하다가 후반에는 아예 새 것인 참고서도 많았다. 끈기가 부족한 탓에 처음에만 열심히 하고 끝까지 다 하지 못했던 것이다. 자기계발서를 읽고 강연을 듣더라도 들을 때에만 감동하고 의지에 불타올랐다가 그것이 행동으로 옮겨지지 않아서 제자리걸음이었다. 하지만 아이를 키우면서 나에게 부족했던 끈기와 행동력이 생겨가고 있다.

지금 나는 전업맘, 육아맘으로 온전히 아이와 시간을 보내는데 주력하고 있다. 아이들이 엄마의 손길을 필요로 하는 시기는 그리 길지 않다. 길어봐야 20

년이다. 게다가 조금씩 성장하면서 엄마의 손길은 조금씩 덜 필요해진다. 두 딸이 모두 20살이 되었을 때 내 나이는 고작 51살이다. 요즘이 100세 시대인 것을 감안하면 나는 겨우 인생의 반만 산 것이다. 그럼 아이를 키우고 나서 나는 무엇을 해야 하나? 아무런 의식도 없이 계속 행동하지 않고 그냥 흘러가는 대로 대충 하루하루 살아간다면 나는 20년 뒤에 빈둥지증후군으로 우울증에 빠져있지 않을까? 아이에게 니를 키우느라 내 커리어, 내 인생을 다 포기했다고 하소연하고 있는 모자란 엄마가 되어있지 않을까?

자녀는 부모의 뒷모습을 보며 자란다. 특히 딸아이에게 엄마의 모습은 크게 영향을 준다. 게다가 나는 두 딸의 엄마이다. 매일 대충 대충 시간을 죽이며 살고, 끈기가 없어서 도전하다 힘들면 포기해버리고, 목표가 아닌 장애물에만 초점을 맞추며 이런저런 불평불만만 쏟아내고, 나 자신을 믿지 못하며 매일 의심만 하면서 사는 엄마의 모습을 보며 자란 내 딸들은 어떤 모습으로 성장할까? 생각만 해도 끔찍하다.

나는 두 딸이 자기 삶에 대한 용기와 함께 자기 목표를 향해 나아가는 끈기와 행동력을 가진 사람으로 성장하길 바란다. 나도 끈기를 가지려고 노력하고 있는 중이다. 나를 지켜보는 두 딸이 있기에 끈기있게 내 목표를 위해 매일 조금씩 나아가고 있다. 20년 뒤에 두 딸에게 "너희들 때문에 직업도 포기하고 다 포기했어."라고 이야기하는 엄마가 아니라 "너희들 덕분에 새로운 분야에 대한 관심이 생기고 도전하게 되었어. 고마워."라고 이야기 해 줄 수 있는 엄마가 되고자 한다. 엄마는 이렇게 자녀와 함께 성장해 나가는 것이다.

나는 대학교 4학년 때까지는 부모님과 쭉 함께 살았다. 사회복지사 1급 시험 준비를 하다가 머리시킬 겸 인터넷 서핑을 하다가 서울에 있는 복지관의 채용 공고를 보게 되었다. 이제 곧 취직도 해야 되니 떨어질 것을 각오하고 면접 경험이라도 쌓을 겸 원서를 냈다. 1차 서류전형에 합격하고 2차 면접을 보러 갔다. 면접을 보러 갔을 때에도 떨어질 것을 각오하고 올라갔다. 올라간 김에 서울에 있는 친구들도 만나고 삼촌 집에도 놀러갈 계획으로 올라갔다. 2차 면접도 덜컥 합격하게 되어 예정에 없던 서울에서 사회생활을 시작하게 되었다. 면접을 보고 일주일 뒤부터 정식 출근이었다.

엄마도 당연히 처음으로 원서를 냈기 때문에 불합격일 것이라 생각했는데 합격을 해서 당황 하셨다. 한 번도 떨어져본 적 없었던 딸과 떨어지게 되어 며칠을 우셨다. 아빠는 딸이 죽으러 간 것도 아니고 취직해서 올라간 건데 운다고 엄마께 잔소리 하셨다. 엄마는 이렇게 떨어져서 사회생활 하다가 결혼하면 이제 같이 살 수 있는 날이 없을텐데 너무 섭섭해 하며 우셨다. 아마 그 당시 엄마는 빈둥지증후군을 겪으셨던 것 같다. 엄마도 전업주부로 살아가면서 자녀 양육에만 온 힘을 쓰셨기 때문이다.

내가 서울에 취직한 뒤 엄마는 힘들어 하시다가 집 근처에 있는 대학교 평생교육원에서 그림을 배우기 시작하면서 다시 삶에 활력을 찾기 시작하신 것 같다. 처음에는 원뿔, 원기둥, 사각뿔을 그려놓고 사진을 찍어서 잘 그렸지 않냐며 자랑하는 문자를 보내셨다. 꾸준히 그림을 배우면서 점점 그림 실력이 눈에 띄게 좋아지셨다. 각종 전시회에 작품도 종종 출품하기도 하셨다. 얼마 전에는 일본 시모노세키 시립미술관 전시회에도 작품을 출품하셨다. 70세 생신 때 개인전을 하시겠다는 새로운 꿈을 가지고 도전하고 계신다.

50대에 새로운 꿈을 향해 도전하며 꾸준히 성장하는 엄마의 모습을 보고 감동을 받았다. 엄마는 나에게 새로운 꿈을 향해 도전하고 성장하는 모습을 몸소 보여주신 것이다. 나도 우리 두 딸에게 꿈을 향해 도전하고 이뤄나가는 모습을 보여주어 두 딸의 롤모델이 되고 싶다.

엄마가 꿈을 가지고 노력하며 이루어 가는 과정을 아이들에게 보여주고 싶다. 스스로 성장하고 발전하기 위해 노력하는 엄마의 모습은 부부를 성장시키고, 가정을 변화시키며, 사회를 변화시킨다. 엄마의 꿈은 엄마 자신의 성장뿐만 아니라 자녀의 성장, 나아가 사회의 성장에도 기여를 하기에 중요하다. 엄마인 내가 성장하는 모습을 보면 아이도 따라할 것이다. 그렇기에 오늘도 나는 나 자신을 성장시키기 위해 독서를 하고 글을 쓴다. 자녀와 함께 싱장하는 엄마가 되기 위해 매일 조금씩 한발자국씩 내딛으며 성장할 것이다.

함께 놀면서 즐기는 육아

둘째를 임신했을 때 호르몬 영향인지 하루 종일 피곤했다. 첫째랑 놀아주다가 나도 모르게 졸고 있기도 하고, 딸은 혼자서 책을 보거나 장난감을 가지고 놀고 나는 옆에 대자로 뻗어 누워있을 때가 많았다. 체력적으로 힘들 때에는 아이가 좋아하는 영상을 거실에 틀어주고 나는 방에 가서 누워있을 때도 있었다. 아이랑 놀다가 아이가 놀이에 집중하면 나는 스마트폰을 만지작거리고 있기도 했다. 그러다 문득 아이를 방치해 놓은 것 같은 느낌을 받았다. 아이와 언제 눈을 마주치고 놀았는지 기억도 나지 않았다. 단 10분이라도 아이와 함께 몰입해서 신나게 놀기로 했다.

우리 부부는 아이가 쉽게 싫증을 내기 때문에 장난감을 잘 사주지 않는다. 육아지원센터에서 빌려서 놀거나 키즈카페에 가서 충분히 장난감을 가지고 놀 수 있다고 생각했다. 그래서 우리 집에는 장난감이 별로 없어서 장난감으로 놀기보다 집안에 있는 것들을 활용해서 놀기 시작했다. 아이들은 집안에 있던 물건 하나만 꺼내와 줘도 창의력을 발휘해서 잘 노는 모습을 보여준다. 창의력을 발휘해서 놀 때 엄마도 옆에서 같이 놀면 된다.

하루는 저녁을 먹고 난 뒤 집에 굴러다니던 칼라점토를 꺼냈다. 집을 어지럽힐 것 같아서 서재에 꽁꽁 숨겨놨었는데 꺼내왔더니 정말 좋아했다. 주물러보기도 하고, 장난감 칼로 싹둑싹둑 자르더니 인형에게 밥이라고 먹여주기도 했다. 아이가 노는 옆에서 나도 칼라점토를 동그랗게 빚어서 만들었더니 그것을 장난감 접시 위에 올리면서 좋아했다. 30분을 칼라점토 하나로 즐겁고 재미있게 놀았다. 나도 초등학생 때 이후로 처음으로 칼라점토를 만지면서 옛날 추억도 생각났다. 아이랑 대화를 하면서 칼라점토 놀이를 하니 재미있었다. 아이는 저녁에 신나게 놀아서 그런지 자기 전까지 기분 좋게 싱글벙글거리다가 잠이 들었다. 평소에 잠들기를 어려워하던 아이였는데 엄마와 노는 것이 재미있었는지 행복한 모습으로 잠자리에 들었다.

칼라점토 놀이를 시작으로 그 다음 놀 거리를 찾아보니 집에 산후조리 할 때 미역국 끓여 먹으라고 여기저기에서 선물로 들어온 미역이 많이 있었다. 미역을 조금 물에 불려 놓았다가 주었다. 처음에 미끄덩거리는 느낌이 이상했는지 한 번 만지고 도망갔다가 다시 다가와서 미역을 만져보았다. 그러더니 미역을 들고 웃으며 집안에서 달리기도 했다. 미역으로 커플 팔찌도 만들고 미역으로 점을 만들어서 서로 얼굴에 붙이고 같이 기념사진도 찍었다. 미역 점을 만들고 사진을 찍을 때 아이는 점이 생긴 모습이 재밌었는지 즐거워하면서 깔깔거리며 웃었다. 아이가 웃는 모습을 보니 나도 덩달아서 즐거웠다.

그 뒤에도 풍선에 콩, 쌀, 밀가루를 넣어서 만지면서 놀기도 하고, 찌개 끓이고 남은 두부를 가지고 놀기도 하고, 유통기한이 지난 파스타면으로 놀기도 했다. "이렇게 해봐! 저렇게 해봐!" 시키지 않고, 그냥 아이가 하는 대로 같이 놀았다. 우리 딸은 내가 조금이라도 가르치려고 하면 그 놀이를 금방 질려 하고 안 하려고 해서 아이가 원하는 대로 하게 놔두었다. 나는 아이가 하는 대로 자연스럽게 따라가기만 하면 되었다.

놀이에 뭔가 가르치려는 의도가 숨어있으면 그건 놀이가 아니라 학습이다. 엄마는 그저 아이의 흥미를 끌 수 있는 놀잇감(놀잇감도 비싼 돈을 주고 마트에서 사는 것보다 생활 속에서 저렴하고 쉽게 구할 수 있는 것을 아이들은 더 좋아한다)을 제공하고 아이가 원하는 놀이 활동을 몰입해서 함께 즐기기만 하면 되는 것이다.

또 다른 중요한 것은 아이와 함께 몰입해서 노는 것이다. 아이와 '놀아준다.' 라고 생각하는 것과 아이와 '논다.'라고 생각하는 것에는 큰 차이점이 있다. 아이와 '놀아준다.'고 생각하면 그 시간이 너무나 지겹다.

나도 처음에 아이와 놀 때에는 '놀아준다.'라는 생각으로 접근을 했다. 어른의 시각에서 본 아이의 놀이는 지겨움 그 자체였다. 블록으로 탑을 쌓는 것도 내가 쌓으면 단시간에 더 높이 잘 쌓을 수 있는데 아이가 쌓는 것은 위태위태하다. 금방 쓰러져버린다. 아이는 또 다시 쌓고, 무너지고, 쌓고, 무너지고 무한 반복이었다. 놀아주다가 반복 하는 것이 지겨우니 얼마나 시간이 지났는지 시계를 쳐다봤고, 지루하니 놀아주다 말고 스마트 폰을 만지작거리기도 했다. 놀이에 집중을 전혀 하지 않고, 놀아주는 척만 한 것이다.

놀아주고 있는 시간이 아까우니 놀이에 자꾸 학습을 끼워 넣었다. 블록 하나를 놓고 '하나, 일' 이라고 하고 두 개를 쌓아 놓고 '둘, 이' 라고 이야기 하며 놀이를 가장한 숫자를 학습시켰다. 내가 그렇게 놀이에 학습을 끼워 넣으면 아이는 단번에 알아차리고 그 놀이를 중단해버리고 다른 놀이를 하러 가버린다.

놀이에 학습을 가미하려는 부모의 욕심은 아이의 뇌 발달을 저해하는 것과 마찬가지이다. 아이들은 놀이에 몰입을 하면서 도파민을 생성하고 행복해지면서 성취감과 유능감, 그리고 창의성이 개발된다. 부모가 학습을 놀이와 함께 묶어서 주입시키려는 순간 아이의 놀이에 대한 즐거움이 반감되어버리고 만다.

아이와 함께 '논다'라고 생각하면 놀이가 달라진다. 아이가 원하는 대로 놀이가 흘러가도록 한 채 그냥 부모는 그 놀이에 함께 참여만 하면 되는 것이다. 같이 논다고 생각하면 나도 그 놀이에 집중해서 놀 수 있다. 그렇게 되면 지겹지 않고 그 시간이 재미있다. 아이와 칼라점토 놀이를 할 때에도 정말 내가 아이로 돌아간 듯이 내가 아이보다 더 몰입해서 놀았다. 금세 30분이라는 시간이 지나가버렸고 놀이하는 동안 나도 즐겁고 행복했다.

아이와의 놀이는 한 두 번하고 끝나는 것이 아니다. 그렇기 때문에 부모가 즐기면서 재미있어야 아이와의 놀이를 지속할 수 있다. 아이들은 돈을 많이 벌어서 비싼 장난감을 선물해주는 부모보다, 같이 많은 시간을 공유하면서 함께 노는 부모를 더 좋아한다고 한다. 아이들의 행복을 위해서 아이의 놀이에 몰입해서 같이 노는 것은 그만큼 중요한 것이다.

보통 나는 딸과 함께 정적인 놀이를 많이 한다. 몸으로 놀면 체력이 딸려서 오래 못하고 지쳐버리고 만다. 주로 스토리가 있는 역할놀이를 많이 하는 편이다. 딸이 병원놀이 가방을 가져와서 청진기를 목에 걸면 나는 자연스레 환자가 되는 것이다. 딸이 공룡 피규어를 가지고 오면 공룡이 되어서 같이 연기를 하면서 놀기도 한다. 블록으로 무언가 함께 만들면서도 친구와 수다 떨듯이 계속 이야기 하면서 함께 만든다. 29개월에 들어선 첫째는 말도 잘한다. 요즘에 딸과 이야기하면서 놀다보면 가끔은 딸이 아니라 친구가 된 것 같은 착각이 들기도 한다.

반면 남편은 나보다 체력이 좋아서 아이와 함께 몸으로 하는 활동을 좋아한다. 주로 딸과 함께 놀이터에 나가서 놀고 들어온다. 뭐하고 놀았냐고 물어보면 천 원짜리 공 하나를 문방구에서 사서 공을 잡으러 뛰어다니며 놀고, 공차기도 했다고 했다. 동네에 돌아다니는 길고양이를 발견하고 쫓아서 뛰어다니기도 했다고 한다. 주말에 집 근처 공원에 놀러 가서도 깔깔거리며 부녀가 뛰어다니면서 논다. 딸이 아빠와 하는 놀이 중 가장 좋아하는 것은 아빠가 목마를 태워주거나 번쩍 들어 안아 뱅글뱅글 돌려주는 것이다. 이 놀이를 할 때에는 까르륵 넘어갈 듯이 웃는다.

여자가 남자보다 감성적이기 때문에 엄마는 정적이면서 감성적인 놀이를 함께하고, 여자보다 체력이 좋은 아빠는 몸으로 하는 활동적인 놀이를 함께 하면 아이와의 놀이에 좀 더 몰입해서 놀 수 있다. 각자 잘하는 분야가 놀이와 연결되기 때문이다. 뿐만 아니라 감성적인 놀이와 활동적인 놀이를 통해 아이의 좌뇌와 우뇌가 골고루 발달 하는데도 큰 도움이 될 수 있다. 즉 아이와 놀아주는 것이 똑똑한 아이로 키우는 지름길 인 것이다.

모든 부모들은 자녀가 행복하게 성장하길 바랄 것이다. 나 역시 우리 두 딸이 행복한 성인으로 성장하기를 바란다. 아이의 행복은 부모와 함께하는 놀이에 의해 좌우된다고 해도 과언이 아니다. 부모와 함께 하는 놀이로 부모와의 애착형성이 잘 되어 있는 아이는 성장해서도 부모와 소통이 잘 될 것이다. 가족 간의 소통이 잘 되는 가족이야 말로 건강하고 행복한 가족이다.

행복한 자녀로 양육하기 위해서, 행복한 가족이 되기 위해서는 마음 편하게 아이와 놀면서 즐기자. 놀면서 즐기다 보면 행복은 성큼 우리 삶 속에 깊이 들어와 있을 것이다.

애착육아는 또 다른 출발선

지금 나는 잠깐 내 소중한 아이들이 커 가는 것을 바로 옆에서 지켜보며 틈틈이 내 자신과 인생 2막을 위해 준비하는 시간을 가지고 있다. 아이를 낳지 않았다면 인생 2막에 대한 준비는커녕 생각조차 해 보지 않았을 것이다. 주변의 친구들이 아이를 낳고 직업을 포기하고 사표를 쓰는 것을 보면서 안타까웠다. 나는 아이를 낳더라도 절대 일을 포기하지 않을 것이라 다짐했다. 아이도 소중하지만 내 인생이 더 소중하니까 일은 계속할 것이라고 생각했다. 하지만 인생은 꼭 생각대로만 흘러가지는 않았다. 평소에 건강하다고 생각했던 내가 난임일 줄이야! 난임으로 힘들게 얻은 소중한 아기인데 직장 업무가 힘들어 자주 배가 뭉치고 아파서 첫째 딸 임신 4개월 때부터 전업주부인 삶을 살게 되었다.

꿈에도 생각지 못했던 전업주부의 길을 걷게 되면서 열등감에 사로 잡혔다. 끊임없이 일을 하면서 아이를 키우는 친구들과 나를 비교하고 SNS상에서 아이도 잘 키우고 자기 자신도 잘 가꾸는 엄마들과 나를 비교하며 열등감을 가졌다. 경력단절기간이 점점 길어져서 결국 누구 엄마라는 타이틀만 남고 나 자신은 없어지지 않을까하는 불안감도 생겼다. 더군다나 다른 아이들보다 좀 더 엄마 품을 원하는 딸, 도와줄 사람이 아무도 없는 독박육아에 지쳐서 우울한 나날의 연속이었다.

이러한 열등감, 불안감, 우울감을 벗어나기 위해 다시 책을 잡았다. 육아 중에 틈틈이 책을 읽으면서 아동독서지도사라는 것에 관심을 가지게 되었고 아이를 키우고 난 뒤 그 분야 쪽으로 일을 하고 싶다는 생각을 가지게 되었다. 하지만 내 전공은 독서교육과 전혀 무관한 사회복지이고 경력도 사회복지사로 일한 경력밖에 없었다. 시댁과 남편이 일을 하는 것을 원하지 않아서 과연 할 수 있을까라는 생각이 발목을 잡기도 했다.

더 큰 문제는 끈기가 부족해서 조금 해보다가 힘들면 쉽게 포기하는 성향이라서 무엇인가에 치열하게 도전한 경험도 없었다. 시도해보다가 힘들면 자기합리화 시켜 나를 설득시키고 포기하는 것이 일상이었다. 그러다보니 내 인생에서 특별히 성공을 했다는 경험이 없었다.

지금 내가 하는 일 중 가장 중요한 것은 육아이다. 아이와 살을 부비는 애착육아에 최선을 다하며 틈틈이 나를 위한 공부, 독서의 시간을 가지면서 나를 계발하며 매일 매일을 성공경험으로 채워가야겠다는 생각이 들었다. 매일 작은 성공경험이 쌓이면 자연스럽게 나 자신에 대한 믿음도 생길 것이기 때문이다.

육아책과 부모교육에서 들은 내용 중 나의 육아철학과 맞는 애착육아를 적극 실천하기 시작했다. 딸을 많이 안아주고, 눈 마주치며 몰입해서 놀아주고, 반영적경청과 나 전달법을 사용하고, 아이의 장점에 집중하려고 노력했다. 애착육아를 실천하면서 딸과의 유대감은 강화되어 단단한 신뢰가 쌓였다. 이제 딸은 엄마를 신뢰하기 때문에 잠깐 떨어져도 엄마가 다시 돌아온다는 믿음으로 내가 외출을 하더라도 잘 놀면서 기다린다. 게다가 울보였던 우리 아이가 세상에서 가장 예쁘고 쾌활하게 웃는 웃음천사가 되어가고 있다. 주변에서도 우리 딸이 더 많이 밝아진 것 같다고 이야기 할 정도 이다. 아이의 이러한 웃음 근육 밑에는 엄마외의 애착이 깔려 있기에 가능 한 것이라 생각한다.

애착육아를 통해 성장하는 아이 모습을 보면서 나 역시 이러한 것들이 처음으로 성공경험으로 쌓여서 나 자신에 대한 믿음이 생겼다. 사회복지가 아닌 다른 분야로도 나아갈 수 있다는 믿음이 생긴 것이다.

게다가 두 딸의 엄마가 되면서 자연스럽게 끈기도 생겼다. 딸아이들이 나처럼 도전하다가 힘들면 포기해버리고 자기 자신을 믿지 못해서 매일 의심만하고 불평불만만 내 쏟는 사람으로 성장하는 것을 바라지 않았기에 내가 먼저 변하기로 했다. 둘째를 임신하고 만삭 때에도 새벽에 일어나 필사, 독서, 기록을 매일 실천했다. 둘째를 낳고 80일 전후까지는 밤중수유와 유축수유로 잠깐 중단했던 활동을 다시 시작하고 있다. 지금 쓰고 있는 이 글도 어쩌면 끈기의 결과물일지도 모르겠다.

육아맘들, 특히 나 같은 전업맘들은 육아가 새로운 출발선이 될 수 있다. 엄마들은 아무나 가지지 못하는 엄마 경력을 가지고 있기 때문이다. 주위를 둘러보면 자신만의 엄마표 놀이법으로 책을 낸 작가도 있고, 음식에 자신이 있어 아이 소풍도시락을 찍어서 SNS에 올리다가 도시락 업체 사장님이 된 사연도 심심치 않게 찾아 볼 수 있다. 옷에 관심이 있어서 아이와 커플룩 입는 것을 즐기다가 아예 엄마와 아이랑 커플룩을 판매하는 쇼핑몰 사장이 된 사람도 있다.

나는 아이를 키우며 아이가 독서에 관심이 많은 것을 알게 되었다. 나 역시 독서를 통해서 나의 내면의 불안감, 우울감 열등감이 치유되는 것을 느꼈다. 내 딸들이 독서를 통해서 공부를 잘했으면 해서 독서를 중요하게 생각하는 것은 아니다. 나, 그리고 남편 둘 다 지방대 출신이지만 충분히 행복하기에 첫째 딸을 임신하고 우리 아이들에게 공부 스트레스를 주지 말자고 약속했다. 아이가 원하지 않는 사교육은 시키지 않기로 약속다. 독서를 공부를 위해서 억지로 시키는 것이 아니라 독서를 일상 속에서 즐기고 독서를 통해 내면이 건강하고 자신만의 꿈을 찾았으면 하는 바람으로 아동 독서에 관심이 많아 진 것이다.

나는 직접적인 독서지도교육 보다는 아이와 시간을 많이 보내는 엄마들이 아이들에게 어떻게 책을 재미있게 읽어 줄 것인지에 대하여 알려주는 역할을 하고 싶다. 그러다보니 아동독서지도사, 작가, 강연가, 엄마 북큐레이터와 같은 꿈이 생긴 것이다.

요즘은 100세 시대이고 평생직장은 없다는 이야기를 많이 듣는다. 평생직장이 없기에 사람들은 평균 7번은 이직 또는 전직을 한다고 한다. 사회가 급변하는 만큼 새로운 직업을 창조해내는 창직이 뜨고 있다. 창직이 뜬다고 해서 무턱대고 나만 좋아서 하는 것은 직업이 될 수 없다. 남에게 유익한 것을 주는 것이 창직의 성공비결이다.

나의 꿈인 엄마들이 아이들에게 어떻게 책을 재미있게 읽어줄 것인가를 알려주는 역할을 하는 직업은 아직 없다. 이것은 아이들의 내면을 건강하게 만드는데 기여할 수 있는 일이므로 남에게 유익한 것을 주는 것이다. 따라서 이것도 나만의 창직인 셈이다. 나는 가끔 내가 일했던 사회복지관에서 저소득 아동 방과후 교실 부모들을 대상으로 재능기부 강연을 하는 장면을 상상하곤 한다. 우리 아이들 뿐 아니라 다른 아이들도 독서를 통해서 내면이 건강한 아이로 성장 할 수 있도록 선한 영향력을 끼치는 사람이 되고 싶다. 이러한 꿈을 이루기 위해서 느리더라도 지속적으로 노력하며 내 인생 2막을 준비해나갈 것이다.

아이를 키우는 엄마들은 인생 제 2막을 준비하기에 더할 나위 없이 좋은 시기이다. 아이를 키우면서 올라오는 내 감정들을 통해서 나 자신을 되돌아 볼 수 있다. 양육을 하면서 또 다른 장점을 가진 나를 발견할 수도 있다. 아이를 키우며 쌓은 삶의 지혜는 인생 제 2막을 위한 또 다른 사원이 될 것이다. 매일 반복되는 육아 속에서 내 이름 석자를 되새기며 나를 찾는 노력을 지속적으로 하자. 자 자신을 알아가고, 성장하며, 꿈을 향해 노력함으로써 엄마의 인생 제 2막은 찬란히 빛날 것이다.

꽃보다 행복

아이를 잘 키우기 위해서는 엄마의 행복이 선행되어야 한다. 이 말은 모든 부모교육과 육아서에서 강조하는 내용이다.

첫째 딸이 6개월쯤 되었을 때 심신이 지쳐서 우울한 나날의 연속이었다. 엄마 껌딱지 수준은 최고조였고, 남편은 여전히 육아에 무관심했다. 밥을 제때 못 챙겨 먹어서 일주일에 1kg씩 빠질 정도였다. 살이 빠지면 마냥 좋을지 알았는데 살이 빠지니 체력도 떨어졌다. 체력이 떨어지니 하루 종일 엄마 껌딱지로 붙어있으려는 아이를 케어하기도 힘들었다. 내 몸이 힘들고 우울하니 남편에게도 말이 사납게 나왔고 하루가 멀다 하고 매일 싸우다시피 했다. 딸이 심하게 울면 달래다 지쳐서 한숨만 푹푹 쉬고, 같이 울어버리기도 했다. 나 자신이 행복하지 않으니 일상생활 전반이 엉망진창이었다.

책을 읽고 나 자신을 돌아보면서 내가 행복한 순간을 떠올렸다. 나는 카페에서 커피 한 잔과 함께 책 읽는 것, 저자강연회나 각종 강연회 가는 것을 좋아하는 사람이다.

아이를 데리고 카페에서 커피 한 잔 하며 책을 읽는 것은 현실적으로 불가능했다. 아이가 깨기 전 새벽시간에 따뜻한 인스턴트 커피 한 잔에 독서하는 시간을 가지기 시작했다. 물론 카페 커피의 맛과 향에 미치지는 못하지만 요즘엔 인스턴트 커피도 잘 나온다. 따뜻한 아메리카노를 마시며 카페 테이블 대신 식탁에서 책을 읽는 혼자만의 시간을 가시면서 내 삶에노 활력이 생겼다. 처음에 책을 읽으며 독서분량을 매일 정하면서 목표를 성취해나가면서 아침을 기분 좋게 소소한 행복을 느끼며 시작할 수 있게 되었다. 아이가 일어날 때 같이 일어날 때와는 다른 느낌이었다. 아이는 깼는데 나는 전날 인터넷 쇼핑을 하거나 드라마를 보다가 늦게 자서 졸릴 때가 많았다. 아이가 놀자고 깨워서 억지로 무거운 눈꺼풀을 겨우 올리고 일어났을 때는 하루 온종일 비몽사몽이었다. 그런 날은 아이에게 짜증도 더 많이 냈다. 새벽에 일어나서 커피 한잔과 함께 독서하는 것이 습관화 되자 아이를 재우면서 함께 잠들었다. 일찍 자니 새벽에 일찍 시작할 수 있었다. 아이가 일어나기 전에 샤워도 하고, 책을 읽으며 긍정적인 기운을 충전하면 그 날 하루는 아이와 애착형성을 더 많이 하면서 즐겁게 하루를 보낼 수 있었다.

꼭 가고 싶은 저자강연회가 있을 때에는 남편에게 아이를 맡기거나, 아이 동행이 가능할 때에는 아이를 데리고 가기도 했다. 처음에는 아이나 돌볼 걸 내 욕심 채우려고 괜한 짓 하는 것이 아닌가라는 생각도 들었다. 하지만 그 강연회를 들으면서 긍정적인 기운을 많이 받기도 하고, 참여한 분들과 대화를 나누면서 긍정적인 기운을 많이 받기도 했다. 강연을 통해서 육아스트레스는 날아가고 행복감이 마음에 쌓이니 아이에게도, 남편에게도 긍정적인 말투와 태도로 대할 수 있었다.

애착육아를 한다고 1년 365일 24시간 아이를 끼고 있으면 엄마는 지칠 수밖에 없다. 엄마도 감정에 의해 좌우되는 사람이기 때문이다. 그렇기 때문에 엄마 자신을 행복하게 하는 것을 찾아내어 엄마의 행복을 충전하는 것이 중요하다.

나는 커피 한 잔과 함께 독서하는 시간, 강연회에 가는 시간으로 행복을 충전했다. 운동을 좋아하면 주말에 잠시 아이를 남편에게 부탁하고 동네 공원을 한 바퀴 뛰고 와도 좋고, 영화를 좋아한다면 주말에 아이를 남편에게 부탁하고 영화관에 갔다 오거나 아이 낮잠시간에 거실에서 혼자만의 영화 보는 시간을 만드는 것도 좋다. 네일샵을 가면 스트레스가 해소가 되는 엄마는 정기적으로 네일샵을 가서 관리를 하는 것도 좋다. 무엇이든 엄마 자신을 행복하게 해 줄 수 있는 꺼리를 만들고, 엄마 자신을 행복하게 만드는 시간을 가지는 것이 중요하다.

종이를 펼쳐놓고 자신이 좋아하는 것이 무엇인지 마구 적어보자. 단어로 써도 좋고 문장으로 써도 좋다. 비슷한 것들끼리 엮고 거기에서 실천할 수 있는 것을 뽑아서 실천해보자. 상상하며 적는 것만으로도 행복함을 느낄 수 있을 것이다.

엄마의 행복을 위해 투자하는 시간에 남편에게 아이를 부탁하는 것도 좋다. 나는 처음에 남편에게 아이를 맡기는 것이 불편했다. 주중 내내 회사에 가서 일을 하는데 주말에 아이를 맡기고 나가는 것이 미안하기도 했고, 남편 혼자서 하는 육아를 믿지 못하기도 했다. 나 없이 혼자서는 육아를 못할 것이라는 생각에 불안해서 아이를 못 맡겼다. 두 눈 질끈 감고 아이를 맡겼는데 맡기면 맡길수록 자신만의 육아스킬이 쌓여서 더 잘하게 된다. 게다가 아이와 남편과의 유대감 강화에도 큰 도움이 되니 1석 2조 아니겠는가? 남편에게 아이를 맡기는 것은 미안한 일이 아니다. 남편도 아이와 유대감을 강화시키는 기회를 주는 것이다. 엄마는 그 시간에 자신의 행복을 충전해서 돌아오면 그 에너지는 남편과 아이에게 전달되어 행복한 가정이 되는 선순환이 이루어진다.

육아를 잘 하기 위해서는 엄마의 행복이 우선이다. 엄마가 행복하면 행복한 아이로 키울 수 있고 행복하고 건강한 가정을 만들 수 있다. 엄마인 나 자신을 챙기자. 애착육아의 기본 바탕은 엄마의 행복이니까.

마치는 글

나는 엄마경력 29개월차 초보엄마다. 아직 곤히 자고 있는 두 딸의 옆에서 지금 이 글을 쓰고 있다. 육아를 하는 중간 중간에 나도 모르게 아이에게 화를 낼 때가 있다. 오전에는 대개 자고 일어나서 최상의 컨디션으로 아이의 요구와 반응에 적절히 반응해주며, 아이의 감정에 공감과 지지를 해준다. 늦은 오후부터 체력이 서서히 떨어지고 신경이 날카로워지면서 화를 내는 것이다. 엄마도 감정을 가진 사람이다. 이에 애착육아는 엄마의 행복을 전제로 한다.

애착육아를 위해서는 일상 속에서의 엄마의 행복을 찾는 것이 중요하다. 나는 보통 아이들보다 2시간 정도 일찍 일어나 독서를 하고 글을 쓰며 하루를 시작한다. 아이가 일어날 때 비몽사몽으로 무거운 눈꺼풀을 억지로 뜨는 것보다 활기차게 시작할 수 있다. 독서와 글쓰기를 통해 긍정적인 마음가짐으로 하루를 시작하는데 도움이 되기도 한다. 독서와 글쓰기를 시작한 후 스마트폰과 TV 중독이었던 내가 아이와 눈을 마주치는 시간이 더욱 늘어났다. 아이와 눈을 마주치며 놀고, 대화를 하다보면 아이의 욕구에 민감하게 반응할 수 있다.

체력이 서서히 떨어지는 낮에는 커피나 차를 한잔 하며 5분정도 쉰다. 내 첫째 딸은 두 돌 전후로 낮잠을 잘 자지 않는다. 낮잠이 너무 부족해서 혹시 무슨 문제가 있는 줄 알았다. 병원에 가서 낮잠을 안 잔다고 걱정했더니 그냥 호기심이 많고 놀고 싶은 것이 많아서 안 자는 것이라며 괜찮다고 하셨다. 에너지가 넘쳐서 잠이 와도 눈을 비비면서 논다. 낮잠을 잘 때에는 같이 한숨 자거나 책을 읽으며 나도 에너지를 보충했었지만 아이가 낮잠을 사시 않아서 에너지를 보충할 시간이 없어졌다. 요즘에는 둘째가 낮잠을 자고, 첫째가 혼자 놀이에 몰두하고 있는 틈에 나도 식탁에 앉아서 커피나 차 한 잔을 하면서 한 숨 돌린다. 둘째 수유중이라 주로 차를 마시지만 체력적으로 너무 힘든 날은 커피를 마시기도 한다. (소아과에서 수유 중 하루 한 잔의 커피는 아이에게 미치는 영향이 없어서 괜찮다고 하셨다. 내가 커피를 마시든, 안 마시든 우리 둘째는 잘 잔다.) 이렇게 차 한 잔을 하며 잠깐 휴식시간을 가지며 다시 내면에 여유와 긍정적인 마음을 채워 넣을 수 있다.

나는 독서, 글쓰기, 차 한 잔과 같은 행동으로 일상의 행복을 찾고 있다. 다른 엄마들도 일상 속의 작은 행복을 찾으면 좋겠다. 애착육아의 전제조건은 엄마의 나 자신 돌보기에서 비롯된 엄마의 행복이기 때문이다.

엄마의 행복을 움켜쥔 뒤에 아이를 안아주고, 뽀뽀해주고, 눈 마주치며 함께 놀며 사랑한다고 말해주자. 아이는 안정적인 애착을 바탕으로 내면이 건강한 아이로 쑥쑥 자랄 것이다. 아이의 애착육아는 이렇게 엄마의 행복과 건강한 아이의 성장을 도모하는 두 마리 토끼를 한꺼번에 잡을 수 있다.

오늘도 곧 잠에서 깨어날 내 두 딸을 안아주고, 뽀뽀해주고, 눈 마주치며 함께 놀며 사랑한다고 말하는 애착육아의 하루를 만들고자 한다.

애착육아는 엄마와 아이 둘 다 성장하게 하는 원동력이다.